SUMARIO

DEDICATORIA

A los jóvenes de todo el mundo porque de ellos depende el futuro, a mis padres Rafael y Carmen por inspirarme desde temprana edad, a mi amigo Eddy Martinez por ser una fuente de inspiración a mis hijos Priscilla, Sofía, Gael y Marcela.- A –mi esposa Anyelina -por darme un hogar.

INTRODUCCIÓN.

Este libro expone una aproximación moderna a la aparición del conocimiento en nuestro planeta y el intrigante romance prohibido que hemos tenido con el mismo. Interpretando la manera en que la sapiencia fue dándole forma a nuestras vidas, en la misma medida que nos daba el dominio sobre las demás formas de vida en el mundo. También analizaremos que tanto hemos logrado y cuáles han sido sus resultados. Como será nuestro futuro si proyectamos este proceso más allá del horizonte?. La idea es darle una mirada al proceso de la sabiduría desde la óptica de nuestros tiempos de una forma nunca antes hecha.

De la misma manera que cada siglo ha dado luces en diferentes áreas, el siglo veinte ha sido llamado por muchos como el siglo de la psicología y la exploración de la conciencia, por lo que nos dejó las herramientas para observar desde una perspectiva que hubiera sido imposible hacerlo antes.

Pero aún más allá el siglo veintiuno es a mi entender la era de la liberación de mente humana más allá de las ataduras dogmáticas, religiosas y culturales. Claro que no para todos, pero si para quienes se han atrevido. Tiempos de libertad de expresión y de la democratización digital, donde las ideas se expresan en cuestión de minutos a través de la internet, donde todos somos pobladores de es pequeña híper conectada aldea que llamamos planeta tierra.

Hemos vivido ante una gran disyuntiva entre observar los fenómenos de la vida de dos formas, una a través de achacar a los dioses todos los fenómenos y la otra de atrevernos a reconocer que no sabemos la respuesta y tratar de ir detrás de ella. Muchas veces con éxito, otras no. Acá no planteamos de ninguna manera excluir una para imponer la otra, pues si algo nos enseñan las ciencias modernas, como lo es los efectos placebo y nocebo en medicina, o el salto cuántico en la física cuántica. Fenómeno que no respetan ninguna regla de las leyes clásicas de la física clásica teórica ni experimental.

Lo que si hacemos es en este libro es tratar de aprender cuando estamos cayendo víctimas de los engaños del pensamiento mágico religioso, del pensamiento rápido e intuitivo, para así hacer el mejor uso posible de nuestra sistema mental y cognitivo.

Por supuesto no pretendemos decir con esto que como raza, los humanos somos maestros del dominio de la mente, solo que estamos en capacidad en estos momentos de verla desde una perspectiva totalmente diferente que definitivamente nos guiará a mejores momentos. En realidad, como veremos, aunque pensamos que hemos llegado muy lejos, la verdad es que somos como niños que acaban de destapar su juguete nuevo de navidad. El Homo Sapiens evolucionó hace apenas unos días atrás en el calendario de la vida en nuestro planeta, hace apenas 175 mil años, y las ciencias que estudian la mente vendría siendo ayer. Esto debería llenarnos de la humildad y la curiosidad suficiente para estar dispuestos a reconocer que apenas estamos en el kínder garden del conocimiento.

Por último cómo podemos aplicar en nuestras vidas, proyectos y empresas lo aprendido a través de los siglos, de lo que ha funcionado para que aseguremos todo el éxito posible de acuerdo nuestras circunstancias.

Acompáñame por un breve recorrido en el tiempo hasta nuestros días, como nuestro afán por descubrir los misterios de la vida y el universo nos han transformado como especie. Que precio pagamos por esto?. Cuales han sido los resultados?, Vivíamos mejor antes o ahora? Somos más o menos felices?. Hay más violencia en la humanidad ahora?. Y finalmente analizaremos juntos cuál será el futuro de la humanidad tomando como base lo aprendido. Que cosas podrían ocurrir tomando en cuenta la velocidad de los cambios que cada vez son más acelerados.

Este libro está escrito de la manera en que a mi me gustan las obras, cargado de ideas y reflexiones filosóficas que estimulen el pensamiento. No esta cargado de tecnicismos y tan solo con los datos necesarios para ayudar a comprender los planteamientos intelectuales expuestos.

Se que cuando uno lee las ideas del autor de un libro se establece una conexión indescriptible, es como las mentes del lector y el escritor se conectaran. Cosa que no ocurre cuando se está leyendo algo que el autor ha plasmado para avalar lo que plantea, es por esto que le recomiendo al lector que si se encuentra en algún momento textos de carácter históricos y estadísticos en los cueles se sienta abrumado o desconectado, puede saltar estas partes. Son esas en las que te parecerá que lees un libro de historia. Te prometo que serán pocas y lo más breves posible.

Este libro tiene una idea central muy clara y objetiva, que se podría resumir en la aventura de la raza humana en atreverse a conocer el conocimiento. Cada capítulo es un slide de esa pizza pero cada uno de un diferente ingrediente. Eso para mi es fundamental cuando leo, que sea coherente en cuanto a su idea central pero que no sea repetitivo. He leído obras que parecen como si al autor se le olvidara en cada capítulo que ya escribió sobre algo con anterioridad y vuelve a repetirlo. Me recuerdan a esos amigos que cuentan las mismas historias una y otra vez, y que parecen olvidar a quienes se lo han contado. Por supuesto algunos puntos los enfatizaré en más de una ocasión, pero siempre con el cuidado y consciente de que saber que no es la primera vez que lo he hecho.

Que puedes esperar al haber culminado este libro? No te prometo mucho, porque se que sería un error de mi parte crear expectativas, dice el célebre sacerdote jesuita Baltazar Gracián en su oráculo para la vida "El Arte de la Prudencia", que siempre que se crean demasiadas expectativas se termina quedando corto. Esto porque las expectativas se crean en la imaginación y esta última no tiene límites. La realidad si, por lo que nunca la expectativas superarán la realidad.

Pero si estoy seguro de que este libro no es puro entretenimiento intelectual, que es algo muy frecuente. Si este libro tiene el firme propósito de hacer cambios positivos en ti. Me encantaría pensar que va a ser del deleite de los más jóvenes, porque ellos tienen la oportunidad de cambiar y de transformar el mundo.

He dicho que con que mis hijos lean este manuscrito para mi seria razón suficiente para haber triunfado. Por esa razón me he negado a vender los derechos de autor del mismo a uno de los políticos más destacados de la región quien llegará a la presidencia en más de una ocasión. Como le dije en ocasión de que me dijera que pensara en la oferta que me económica que me hiciera, si le vendo la autoría de este libro les estaría quitando yo un hermano a mis hijos, porque este es hijo mío también.

MORDIENDO LA MANZANA.

"Y mandó Jehová Dios al hombre, diciendo: De todo árbol del huerto podrás comer; mas del árbol de ciencia del bien y del mal no comerás; porque el día que de él comieres, ciertamente morirás", Génesis 2:16-17.

Al igual que la mayoría de las personas nacidas en la cultura cristiana, mis años de formación escolar transcurrieron en instituciones profundamente religiosas. De cuyas aulas salía un profesor que acababa de decir que los dinosaurios se extinguieron porque un meteorito se estrelló con nuestro planeta, y luego entraba otro a asegurar que estos animales gigantes nunca existieron porque de ser así estos estuvieran en las narrativas de las sagradas escrituras.

A quien le creo? Siendo hijo de un profesor de matemáticas, analista político e intelectual, gozaba del privilegio de contar con una modesta biblioteca en casa, de la cual decía mi progenitor, era la herencia que nos iba a dejar a los tres hermanos. En sus estantes habían una variedad de obras de diferentes áreas, novelas, sociopolítica, revistas, pedagogía, psicología, sociedades secretas y por supuesto la imponente biblia con su cobertura en rojo vino.

Entre esta colección tomando todo una línea del estante que ocupaba casi toda la pared reposaban dos enciclopedias completas. En donde sin ningún problema podías contactar en la letra D que la palabra dinosaurio si estaba, y también las fotos de sus restos que se exhiben en museos famosos del mundo. Tenía yo en casa el árbol de la ciencia y el libro sagrado que prohíbe "comer" de ellos, es decir que poseía mi propio edén.

Que piensan que hacía ante cada interrogante de esas que solo encontraban como respuesta un "No preguntes eso, que eso es un misterio", pues adivinaron! Iba y la "googleaba" entre los tramos de mi futura herencia. Todo tenía una respuesta, y si no estaba aquí, seguro estaba en otro lugar. Seguir encontrando repuestas se convirtió en una obsesión que me acompañaría para siempre, había mordido la manzana.

Por supuesto, esta no es una historia exclusiva del autor de este libro, esta ha sido la de toda la raza humana. Nuestra relación con el conocimiento siempre ha sido intrigante. Como el chocolate que se roba un niño de la despensa de su propia casa, que tiene mejor sabor, que cuando se lo entregan sus padres, hemos robado al universo sus secretos.

Esta no es una obra para enfrentar la ciencia con la religión, pero si para analizar cuál a sido nuestra relación como especie con el conocimiento y como este ha impactado lo que somos. En realidad soy de los que opinan que la iglesia ha colaborado más en favor del conocimiento que cualquier otra institución de la sociedad. Si no preguntémonos quiénes han dirigido los mejores centros educativos en el mundo?.

En la antigüedad cuando se crearon los primeros manicomios, como se creía que los problemas mentales eran fruto de posesiones diabólicas, se les entregaba la responsabilidad de estos centros a las organizaciones religiosas, por lo que esta ha tenido que cargar pesado, por así decirlo en muchos procesos de la humanidad.

El conocimiento es una empresa de la que todos somos socios, una que ha sobrevivido a través del tiempo hasta nuestros días. Analicemos cómo funciona a nivel social, pero también a nivel individual, para que podamos sacar el mayor provecho de este en pos de nuestro bienestar, el de los nuestros y el mundo en que vivimos.

Por alguna razón somos proclives a disfrutar mas de las cosas que nos son prohibidas. Tanto así que eso explicaría porque nos hemos puesto nosotros mismos tantas limitantes morales y religiosas. El inconsciente colectivo, termino acuñado por primera vez a Carl Gustav Jung, lo ha hecho de manera no consciente, valga la redundancia, a través de la costumbre, la literatura, los textos religiosos y las leyes. Muchas veces con la compresible y plausible intención de salvaguardar el bien común, pero otras por el placer de poner una cerca que podamos saltar. Basta con analizar que algunas cosas son ilegales, sin embargo otras solo son prohibidas. Pero esto no del todo negativo, en realidad ha ayudado más que lo que ha dañado a la humanidad. Pienso que nuestra fascinación no es tanto con las cosas a que nos limitan exclusivamente, si no con lo oculto y lo desconocido. Cosas que disparan en nosotros una mezcla de temor y excitación que culmina con una indescriptible descarga de felicidad. Todo este fenómeno puede medirse en nuestro organismo de forma química en el coctel de neuropeptidos que se mezcla en nuestro sistema. Dopamina, noradrenalina, oxytocina, Entre otros.

Esto proviene de que antes de que fuéramos seres organizados socialmente, antes de que existieran leyes, reglas y normas, lo prohibido era lo inalcanzable, inalcanzable como todo lo que brilla en el firmamento en una noche estrellada. En nuestra sociedad moderna las líneas que no debemos traspasar empiezan cuando somos niños en el hogar, la familia como célula de la sociedad va delimitando que está permitido y que no, a través de la autoridad de los padres.
Luego en la escuela, la sociedad, Etc.
Basta con que el médico nos prohíba comer algún tipo de alimento para que no podamos dejar de pensar en él.
Y que crees qué pasa con el fumador ante el letrero de no fumar?

Fíjate que seguimos refiriéndonos a lo prohibido como algo inalcanzable, un amor prohibido es un amor inalcanzable.

En una noche oscura mirar el firmamento y ver las estrellas titilar debe haber sido la provocación más grande para la naturaleza humana. Y aun en nuestra era en que ya hemos pisado en la luna y puesto un astromóvil en Marte. Seguimos fascinados con el universo que nos rodea, infinito, inexplicable e inalcanzable.

Cuando éramos chicos y andamos en bicicletas nos ponían un límite hasta donde podíamos llegar, recuerdo perfectamente aquella esquina, más allá el aire se tornaba más fresco, unos cuantos metros más allá eran suficientes para sentirnos satisfechos. Ahora pensemos por instante en aquellos días en que se decía que la tierra era plana y que al llegar a uno de sus límites caeríamos en un precipicio donde seríamos devorados por animales gigantescos. Que tremendo desafío representaba para un Cristobal Colón, hijo de un marinero que se crió escuchando las historias del mar de boca de los marineros que contaban otras leyendas. Esto sin contar con los descubrimientos que había hecho en los libros donde Galileo y otros aseguraban que era redonda al igual que todos los astros en el firmamento. No sería lo más obvio que si todo lo que ves en el cielo es circular también la superficie donde estes parado también lo sea?

Colón primero hizo su descubrimiento en su intelecto, luego salió movido por la incontrolable necesidad humana de llegar más allá de la esquina.

Para nuestra generación llegar a la luna era llegar a esa esquina, y así seguirá siendo infinitamente. Ese es el combustible que nos mueve como criaturas.

Para poder ver lo micro hemos tenido que desarrollar herramientas, al igual que para lo macro. Para ver las células o para ver las galaxias. Nos es imposible ver más allá por nuestros propios ojos, sin embargo tenemos la capacidad de intuir y también de crear lo necesario para alcanzarlo. Antes de que estuviéramos en capacidad de ver los átomos ya los antiguos filósofos griegos hablaban de ellos. A través del desarrollo de la física, los modelos atómicos han incorporado principios cuánticos para explicar y predecir mejor su comportamiento. El término proviene del latín atŏmus, calco del griego ἄτομον (átomon), que literalmente es «que no se puede cortar, indivisible»,y fue el nombre que les dio Demócrito de Abdera, a las partículas que él concebía como las de menor tamaño posible.

El universo nos fue puesto desde lo micro hasta lo macro ante nuestras narices, pero todo nos ha sido cubierto con un velo de misterio. Sabemos que las cosas están detrás de una cortina, que existen fuerzas que cómo imanes debajo de la mesa mueven las piezas sobre ella.

Es por esto que existe la física teórica y otra llamada física experimental. Solo por citar una rama de la ciencia.

La física teórica, también denominada física matemática o física fundamental, constituye la rama de la física que, basándose en la matemática, elabora teorías y modelos con el fin de explicar y comprender fenómenos físicos, aportando las herramientas necesarias para el análisis. Mientras que la experimental como su nombre sugiere es la parte donde se comprueban en el universo las teorías antes desarrolladas. Recordemos que muchas veces cuando se plantean las premisas teóricas no contamos con las tecnologías necesarias para ponerlas a prueba.

Por ejemplo si una teoría física para ser experimentada requiere que alcancemos la velocidad de la luz, hasta que no podamos lograr ese nivel de aceleración no la podremos poner a prueba.

Lo mismo con las teorías sobre los astros, átomos, y todo lo demás.

Todo esto está impulsado por nuestro deseo de resolver problemas, curiosidad y sobre todo por un factor que poca veces nos detenemos a analizar, el placer que produce aprender. Recordemos que todo lo que produce placer es potencialmente adictivo, saber cada vez más, es una adicción positiva.

Si lográramos despertar primero esa curiosidad intrínseca en los estudiantes y luego lográramos ir dándoles el conocimiento de una manera que estimule placer en ellos. Tendríamos alumnos dependientes del placer de aprender cada día más.
Es algo que todos sabemos, y que estoy seguro que algún día lograremos. Eliminar el sistema impositivo en las aulas, por uno que fluya con la naturaleza humana. Eliminando los odiosos exámenes, pero sobre todo la competencia en que viven los estudiantes en los mejores sistemas educativos del mundo. O no nos llama a reflexión que en las naciones que sus estudiantes obtienen las calificaciones más altas en las pruebas Pisa, sean los que tienen más suicidios en edad escolar. Que tengan que poner barrotes para que los jóvenes no se lancen por las ventanas, que tengan que tener oficinas de orientación anti suicidios?
Todos los grandes descubrimientos y conquistas de nuestra raza han sido fruto de la curiosidad, nunca de la imposición.

Ni el vuelo del primer avión de los hermanos Wright, ni el descubrimiento de America, ni La Monaliza de Lenardo Da' Vinci, ni ninguna otra proeza o conquista a sido de la humanidad ha sido fruto de una tarea, tesis o examen escolar ni universitario. Esto debería llamarnos a reflexión.

EL LÍMITE ES EL CIELO.

"Somos el medio para que el cosmos se conozca a sí mismo." Carl Sagan.

Piensa por un instante en ese momento en que la especie humana empezó a desarrollar tecnologías, seguramente vendrá a tu mente un científico vestido con toda su indumentaria plateada o blanca creando algún modernismo artefacto.

Pero la verdad es que tendríamos que remontarnos mucho más atrás y observar que cualquier cosa que el hombre haya utilizado para observar el mundo y comunicarse con el, por muy rudimentaria que esta haya sido también es tecnología.

Porque es importante comprender esto? Por el hecho de que la observación es el primer paso de la ciencia, de la misma manera en que la comunicación lo es de la tecnología.

A través de la observación vamos descubriendo cosas del mundo que nos rodea, pero a través de la tecnología expandimos lo que somos más allá de nuestros cuerpos. De esa misma forma el querer conectar más allá del alcance de nuestras capacidades físicas, como son la voz y el los gestos, nos llevaron a crear la escritura, las señales de humo, entre otras.

Nuestro sofisticado lenguaje fue la chispa que detonó nuestro viaje por el maravilloso mundo del saber. Pero quien invento las palabras?. Al igual como ocurre con el origen del hombre la mitología también trata de dar una respuesta.

Según la biblia Dios le pidió a Adán que nombrara todas las cosas y como entonces todos hablaban un idioma. Hasta que se les ocurrió construir una torre que llegara al cielo. Historia que tenía sentido cuando no sabíamos que la tierra era redonda, ya que el concepto de arriba y abajo desaparece si es para referirnos a cosas que impliquen el cosmos.

Si el cielo está arriba y ahora son las 12 am en este mismo lugar en que lees este libro y dejarás de leer por doce horas, entonces cuando vuelvas a leerlo serían las 12 pm, por lo que ya estarás en un lugar con respecto al universo que hace 12 horas era tu abajo. Ahora estarías diciendo arriba pero estarías a 180 grados, tu arriba sería el abajo de hace 12 horas. Hacia donde apuntaba la Torre de Babel? Hacia el cielo que está arriba, entonces apuntaba a todos lados según giraba el planeta.

A Dios no le gustó el desafío y nos hizo una broma, creo todas las lenguas para que no nos pudiéramos entender y entonces el ambicioso proyecto se desplomara.

Creo que Dios es mucho más que lo que puede decirse de él en estas historias. Pero también creo que estas historias han sido fundamentalmente para mantener los grupos sociales unidos y guiados.

Según la mitología nórdica los tres hijos del dios Bor o Bur (nórdico antiguo: Borr), Odín, Vili y Ve jugando con la madera de unos árboles que encontraron crearon el primer humano, no con barro como a Adán. Luego uno de los tres hermanos les dio espíritu, el segundo sentimientos y el tercero... Si adivinaste el habla!
Para los bantúes en Africa las cosas fueron más simples, todo vino porque ocurrió una hambruna tan grande que la gente perdió la cordura y empezaron a balbucear los diferentes idiomas. Debe haber sido un periodo de inanición terrible, porque existen en el mundo más de siete mil idiomas.

Cabe destacar que no es lo mismo lenguaje que lengua. Las hormigas por ejemplo tienen lenguaje a base de químicos que segregan sus cuerpos. Lengua es una forma de comunicación exclusiva de nosotros. Claro que como órgano del cuerpo ellos también poseen una.

La palabra es una extensión fonética del lenguaje, la escritura es una creación que nos permite comunicarnos de otra manera más perecedera. Como habíamos escrito, es esta uno de los mayores inventos de la humanidad que complementa al lenguaje hablado. La lengua se considera de dos formas: La lengua oral, fundamental para la comunicación. La función básica de esta es perpetuar los mensajes a lo largo del tiempo. No vamos a entrar un un detalle explicativo de cada una de ellas, toda esa información esta en internet, prefiero mantener una forma más resumida y aprovechable de tu tiempo. Es decir que solo vamos a tocar los puntos básicos de manera que pueda mantener tu cerebro en un estado placentero de asimilación fácil, combinándolo con una que otra dosis de excitación. Es la única manera en que se logra provocar una sensación de querer más cuando se lee.

Como es obvio, es más fácil rastrear el origen de la escritura de una lengua, que el habla de una lengua, esto porque nos queda un registro físico. Los primeros registros de escritura se remonta al año 3200 antes de la era cristiana, en Mesopotamia, la famosa escritura cuneiforme. Entonces y el habla cuando empieza? Como no hay registros los lingüistas no se ponen de acuerdo. Unos opinan que surge de un solo lugar o monogénesis como en Babel y demás historias mitológicas, es decir una lengua madre, y según se fueron dispersando se fue trasformando. El sentido común nos dice que eso solo puede ser cierto para algunos idiomas. Pero sabemos que entre otros no existe nada en común. La otra es la poligénesis que dice que como todas las especies evolucionaron desde Africa las lenguas fueron naciendo en diferentes focos en diferentes lugares del planeta. Como muchas lenguas madre cuando estos grupos llegaban a ese nivel evolutivo en que podían hablar. Si te interesa profundizar al respecto te invito a leer al lingüista norteamericano de origen judío Noam Chomsky y su teoría de la gramática generativa.

No te llama la atención que las computadoras se programan utilizando un "Lenguaje" de programación, a caso siempre tuvimos nosotros un lenguaje que nos sirviera para comunicarnos?.

Sabemos que no que el lenguaje es parte del desarrollo evolutivo de nuestra especie, y es fácil asociar el uso del lenguaje para comunicarnos con los demás, pero te has puesto a observar, que con el no solo nos relacionamos con otros, sino, que también lo hacemos con nosotros mismos?

Te reto a que trates de pensar y que estos no sean conversaciones internas. Claro también están las imágenes, como cuando te digo; Olvídate de pensar en elefantes azules, e inmediatamente aparece uno en tu cabeza. Esto es porque el lenguaje es a tu cerebro, lo que el software es al hardware de tu computadora.

En la película Arrival (La Llegada) El gobierno estadounidense contrata a la prestigiosa lingüista Louise Banks para que se comunique con unos alienígenas que han llegado a la Tierra. Conforme ella aprende su idioma, va experimentando regresiones muy intensas que desvelan la verdadera misión que los ha traído hasta nuestro planeta.
La lingüista descubre que el aporte que ellos quieren hacerle a la humanidad es un nuevo lenguaje no lineal, es decir que por ejemplo para escribir una oración no lo haríamos de izquierda a derecha, sino que empezaríamos desde ambos lados y terminamos en el centro de la oración y esta haría sentido.

Y que relevancia tendría esto? Pues tremenda, seria una nueva forma de que nuestros cerebros ejecuten las labores que explicábamos anteriormente. Claro esto es ciencia ficción, pero esta son fantasías basadas en en conceptos de la ciencia, tal como su nombre lo describe.

Pero analicemos algo que no es ficción, y que si nos puede dar luz con respecto a como utilizamos el lenguaje al pensar. Piensa en dos idiomas diferentes, en el primero la palabra bomba puede utilizarse para describir distintos objetos, digamos "bomba de agua" para referirse a una máquina que extrae agua a presión de algún lugar, como ocurre en nuestro idioma. Pero que también se pueda utilizar "Bomba de gasolina para referirse a un artefacto electrónico que extrae combustible del tanque de un vehículo hasta su motor.

Ahora pensemos en otro idioma en el que bomba de agua se escriba de una forma en que sea totalmente diferente a bomba de gasolina, entonces no se prestaría a ningún tipo de confusión. Cuando un maestro de mecánica le diga a su ayudante; Desmonta la bomba a ese automóvil no existiría la remota posibilidad de que por error le extraigan por la que no es.

Y qué tal si nuestro ojo derecho se llamara diferente al izquierdo, que lo que lo defina no sea tener que especificar cuál de los dos es No sería necesario pegarle a los pacientes un sticker en la frente del lado que el oftalmólogo quiere que su asistente proceda con los procedimientos en sus pacientes, para asegurar que no procedan con el ojo incorrecto.

En conclusión mientras más sofisticado y específico es el lenguaje, más inteligentes somos como especie. Mientras más formas de decir algo, más bella esa lengua. Es por esto que el francés es conocido como el idioma del amor, porque se puede escribir o expresar una idea repitiendo menos veces la mismas palabras.

Este concepto se que tiene mucho de controversial, pero no es mío. Es de los grandes lingüistas.Para nadie es un secreto que esa capacidad de pensamiento y comunicación sofisticadas son la base del desarrollo de nuestra raza, por las cuales hemos dominado todas las demás especies de nuestro planeta. Como lo describe el profesor de historia Yuval Harari en su famosa obra De Animales a Dioses, la capacidad de colaboración entre humanos y la de unirnos entorno a historias han sido determinantes para nuestro éxito.

Ha sido esta la forma en que la colaboración de nuestra raza para su con sus propios semejantes ha tenido lugar. Que otra especie sobre el planeta deja registros de sus conocimientos para que luego pueda ser utilizada por los demás?. Este es el súper poder de raza humana, y es lo que crea al factor que yo llamo La exponencialidad sinérgica del conocimiento, se que es un término largo, pero no hay otra forma de expresar el fenómeno.

Siempre he pensado somos privilegiados ya que estamos viviendo en tiempos en los que a pesar de que se sigue viendo como extraños a las personas que atesoran la ciencia, ya no es un peligro de muerte contradecir el status quo. Muchos perdieron sus vidas, sus finanzas o su libertad solo por proclamar una verdad científica o un punto de vista. Pero el tiempo nos fué enseñando a valorar este tipo de planteamientos y respetarlos. Quizá porque sabemos que sin estos la vida sería casi imposible para nuestra especie hoy en día.

Te has puesto a pensar, alcanzaría la comida para los millones de habitantes qué hay en el mundo si no fuera por los desarrollos científicos en la agricultura y los medios de conservación de los alimentos?.
Investiga un poco el respecto y te llevarás una gran sorpresa. Los expertos aseguran que si la producción alimentaria no hubiera llegado a los niveles actuales la cantidad de comida sólo alcanzaría para una cuarta parte de la población mundial. Es decir que las muertes

por inanición ocurrirían a cada instante. Y qué tal las ciencias médicas? Cuántos seríamos sin la invención de los métodos anticonceptivos? Ahora ha el contraste con la parte de la alimentación. Viviríamos en una situación prácticamente de canibalismo.

También los antibióticos, sin ellos moriríamos millones por simples infecciones.

Pues es como expresaba, la razón por la que somos más tolerantes ante los planteamientos científicos. Pero fueron muchos los hombres y mujeres que pagaron el precio de emprender esta que yo llamo la gran empresa del saber humano de la que todos somos dueños.

Desde el principio todo aquel que se atreviera a plantear algún postulado más allá de lo establecido por la costumbre estaba desafiando el status quo. Se necesitaba un gran grado de rebeldía y de locura para atreverse a romper con las reglas, pero siempre hubieron valientes que se atrevieran. Aun cuando ardía la hoguera a la espera de quien se atreviera a decir que la tierra no el centro del universo, surgirían quienes se atrevieron a jugarse la vida al decir lo contrarío, como Giordano Bruno ejecutado el 17 de febrero del 1600 por orden de el papa Clemente VIII, quien le había dado a Bruno la opción de renunciar de sus ideas para salvarse. Problemas que empezarían no por tales afirmaciones, sino, por el hecho de atreverse a leer los textos prohibidos del filósofo holandés Desiderius Erasmo de Róterdam.

Este hecho por alguna razón se ha prestado a confusión asegurando que fue a Galileo que la iglesia ejecutó, este último murió de vejez en su habitación.

Galileo Galilei fue un matemático italiano, el era un matemático práctico, sus enseñanzas no se limitaban a lo teórico, sino que trabajaba y enseñaba la aplicación de las matemáticas para crear herramientas que desempeñaran funciones prácticas.

En el 1609 Galileo descubre que cuando confina dos lentes, de los dos tipos posibles, es decir un cóncavo y un convexo, se obtiene un efecto magnificador en los objetos lejanos. Esto cambiaría el curso de la historia para siempre. Al colocarlos en un tubo, creo el telescopio, probablemente el artefacto tecnológico más revolucionario en toda la historia de la humanidad.

Hasta ese momento todo lo que habíamos visto era lo que solo podíamos apreciar con los ojos al desnudo durante la noche, la luna y las estrellas.

Con la ayuda de este nuevo invento Galileo descubrió que lo que vemos en el cielo en las noches no son solo estrellas, sino que también algunas son planetas. Hasta ese momento sólo habíamos visto que todo lo que está en el firmamento giraba alrededor nuestro. Éramos el centro del universo. Hasta que Galileo se dio cuenta que una de las estrellas más brillantes tenía otras estrellas girando alrededor de esta. Que chocante y revelador, no se supone que todas estas luces en el cielo sólo nos están órbitando, es decir dando vueltas alrededor de nosotros?. Esta estrella es Jupiter y las demás estrellas que giran a su alrededor son sus lunas. Pero esto no fue nada comparado con lo que descubrió al mirar otra de estas grandes estrellas, el planeta Venus, al observarla durante muchas noches y llevar un registro, se dio cuenta que este hacía faces como la luna, y que durante un tiempo se iba agrandando y durante otro periodo se iba empequeñeciendo. Todo tenía una sola explicación. Este cuando luce más grande se está acercando, y cuando luce más pequeño se aleja de nosotros. Pero el hecho de que tenga faces significa que está girando alrededor del sol, De repente todo cambió, si miras una imagen d nuestro sistema solar podrás notar que Venus es el segundo planeta más cerca del sol, primero está mercurio, nosotros somos el tercero.

Ya no éramos el centro del universo, esta simple observación mandó al suelo todo lo que habíamos creído acerca del mundo. El telescopio se había convertido en la extensión de nuestros ojos. Tal como la escritura se había convertido en una extensión de nuestra habla.

Ahora El Sol era el centro del nuestro nuevo modelo del universo, totalmente opuesto a lo que el sentido de la vista nos había dicho siempre.
Con estas declaraciones Galileo había desafiado a la iglesia romana, que aseguraba que Dios había puesto al hombre en el centro de la creación. Pero el habría descubierto el sistema solar tal como lo conocemos hoy, planetas con sus lunas orbitando al sol. Claro que en ese momento no se tenía noción de cuán grande era el cosmos.

EL PLAN MAESTRO.

"Si la Torre Eiffel representara la edad del Universo, la capa de pintura que tiene en la punta representaría la porción que le correspondería al hombre de este tiempo, y cualquiera se daría cuenta de que la torre se construyó sólo para el lucimiento de esa delgada capa de la punta... ¿o no?" Los seres humanos sólo forman parte de los últimos minutos del año de la vida."_Mark Twain.

Para la mayoría de las personas cuando alguien expresa que cree en Dios, pero que a la vez cree en la evolución, es algo contradictorio. Las personas de ciencia son vistas como ateas, y por supuesto también las hay, pero no siempre es el caso. Esa confusión viene por la posición que han fijado algunas religiones de que solo se llega a Dios única y exclusivamente a través de ellas. Cuando a Albert Einstein le preguntan que si creía en Dios decía que el creía en el dios de Spinoza.

Baruch de Spinoza nació en Ámsterdam en 1632, y ha sido considerado como uno de los tres mayores filósofos racionalistas del siglo XVII. Sus reflexiones supusieron una profunda crítica a la visión clásica y ortodoxa de la religión, cosa que terminó por generar su excomunión por parte de su comunidad y su destierro, así como la prohibición y censura de sus escritos.

Su visión del mundo y de la fe se aproxima en gran medida al panteísmo, es decir, la idea de que lo sagrado es toda la naturaleza en sí.

En su visión, Dios no es un ser caprichoso y tiránico que dirige el mundo a su antojo, sino un ente integrado a la naturaleza, que se expresa a través de ella. Es por así decirlo que el es la naturaleza misma de todo los fenómenos del universo.

El Dios de Spinoza no crea el mundo como un capricho, o un experimento para su deleite, sino que el es el alma misma de todo lo existente. En síntesis, para Spinoza Dios es todo y fuera de él no existe nada.

Este Dios no busca ser adorado, en la mente de los más sabios un Dios que crea a la humanidad solo para el ser adorados sería un dios con un graves trastorno narcisista de la personalidad. En un mundo donde las cosas ocurren, o no y donde cada fenómeno tiene su consecuencia natural, no hay unas reglas en blanco y negro. De bueno o malo, de salvación o condena, sino toda una gamma de colores que brillan dependiendo de los tonos de la Luz que les ilumine.

"La concepción de Spinoza del hombre es determinista: no considera la existencia de libre albedrío como tal, al ser todo parte de una misma sustancia y no existir nada fuera de ella. Así, para él la libertad está basada en la razón y el entendimiento de la realidad."

Spinoza también consideraba que no existe un dualismo mente-cuerpo, sino que se trataba de un mismo elemento indivisible. Tampoco consideraba la idea de la trascendencia en que alma y cuerpo se separan, siendo importante lo vivido en vida.

Por supuesto estas creencias de Spinoza le valieron la desaprobación de su pueblo, la excomunión y la censura. Sin embargo, sus ideas y obras permanecieron y fueron aceptadas y apreciadas por una gran cantidad de personas a lo largo de la historia. Como hemos dicho una de ellas fue uno de los científicos más valorados de todos los tiempos, Albert Einstein.

El padre de la teoría de la relatividad tuvo intereses religiosos en la infancia, si bien luego dichos intereses se modificarían a lo largo de su vida. A pesar del aparente conflicto entre ciencia y fe, en algunas entrevistas Einstein manifestaría su dificultad para contestar a la pregunta de si creía en la existencia de Dios. Si bien no compartía la idea de un Dios personal, manifestó que consideraba que la mente humana no es capaz de comprender la totalidad del universo ni cómo se organiza, a pesar de ser capaz de percibir la existencia de cierto orden y armonía.

A pesar de que ha menudo se le clasificó como ateo convencido, la espiritualidad de Albert Einstein estaba más cerca de un agnosticismo panteísta. De hecho, criticaría los fanatismos tanto por parte de creyentes como de ateos. El ganador del premio Nobel de Física también reflejaría que su postura y creencias religiosas se aproximaban a las visión de Dios de Spinoza, como algo que no nos dirige y castiga sino que simplemente forma parte de todo y se manifiesta a través de este todo. Para él, las leyes de las naturaleza existían y proporcionaban un cierto orden en el caos, manifestándose en la armonía la divinidad.

Creía asimismo que ciencia y religión no se encuentran necesariamente enfrentadas, puesto que ambas persiguen la búsqueda y entendimiento de la realidad. Además, ambos intentos de explicación del mundo se estimulan mutuamente entre sí.[1]

En algún punto de África hace al menos 4 millones de años, un homínido comenzó a caminar sobre su dos patas traseras. Se iniciaba así la cronología de la historia hacia el homo sapiens, una especie que se ha expandido por todos los rincones del planeta Tierra.

Como en todos los procesos evolutivos, hubo numerosas especies que no lograron salir adelante y se extinguieron en cierto punto. Fue el caso de los australopitecos, antecesores del ser humano desde alguna de sus especies. Otros, como los neandertales, llegaron a convivir con el homo sapiens antes de su extinción.
Se sabe que grupos de estos homínidos pre-homo sapiens migraron fuera de África hace alrededor de 1 millón de años, como el caso de los restos encontrados en el sitio arqueológico de Atapuerca, en Burgos. Sin embargo, nuestra especie nació en África y fue desde el continente madre de donde partió hacia la colonización del resto del planeta.

Primeros fósiles humanos (hace 200.000 años)

Los restos fósiles más antiguos de homo sapiens encontrados hasta la fecha provienen del sur de la actual Etiopía. Los antecesores de estos primeros humanos se separaron en algún punto de sus congéneres para evolucionar de una forma distinta durante los siguientes miles de años.

Salida de África (hace 100.000 – 60.000 años)

Hay distintas teorías sobre la ruta que siguieron las primeras poblaciones humanas que abandonaron el continente africano. La que cuenta con mayor consenso afirma que las primeras expediciones atravesaron la Península Arábiga y llegaron hasta Australia. Posteriormente, otros grupos humanos alcanzaron Europa y Asia. Finalmente, hace 10.000 años, el ser humano llegó a América del Sur, poblando la práctica totalidad del planeta, salvo algunas islas del Pacífico que serán colonizadas posteriormente.

Revolución neolítica (hace 9.000 años)

Durante los milenios posteriores a su salida de África, el ser humano vivió en pequeños grupos de cazadores recolectores. El cambio más importante en la historia de la humanidad se dio con el desarrollo de la agricultura. El control sobre las cosechas hizo que el ser humano dejara de ser un animal nómada y pasara a asentarse en lugares fijos. Este proceso no fue inmediato y se desarrolló durante siglos a lo largo del planeta, comenzando en Oriente Medio y Egipto.

Las ciudades y la escritura (hace 6.000 años)

Estas primeras comunidades sedentarias humanas se fueron volviendo más complejas y numerosas. Las primeras ciudades surgieron en Mesopotamia, Egipto, el Valle del Indo y China.

Las nuevas formas de vida requerían de organizaciones más complicadas y, como solución a estas necesidades, surgió la escritura. Desde este punto, termina la prehistoria y comienza la historia de la humanidad.

Los grandes imperios de la antigüedad

Partiendo desde las ciudades, se fueron generando estructuras sociales y de poder con una mentalidad expansiva. Unas ciudades empezaron a imponerse sobre otras hasta formar grandes imperios que fueron la cuna de culturas cada vez más desarrolladas.

Las primeras dinastías imperiales comenzaron a extender su poder en China; Sumeria, Babilonia y Persia se fueron sucediendo en el control de vastos territorios en Mesopotamia; el Egipto de los faraones controló el Valle del Nilo hasta que fue invadido por el Imperio Romano y, en América, los imperios Azteca e Inca sobrevivieron hasta la llegada de los conquistadores españoles en el siglo XV.

Del feudalismo al estado moderno

Aunque fue un proceso que se dio de manera dispar a lo largo del mundo, los grandes imperios de la antigüedad se fueron desmembrando, dando lugar a estructuras más descentralizadas.

La humanidad vivió durante siglos en una economía feudal, fundamentalmente agraria, hasta que el desarrollo tecnológico desbordó también a esta forma de vida.
La revolución industrial de los siglos XVIII y XIX y las nuevas formas de pensamiento hicieron entrar en crisis al Antiguo Régimen. Los estados-nación se fueron imponiendo a lo largo del planeta, configurando el mundo en el que vivimos hoy en día.

Piensa que vas conduciendo un nuevo Lamborghini a 300 kilómetros por hora en una pista totalmente recta y sin más vehículos. Si fuéramos a representar la historia de la humanidad desde la aparición del Homo sapiens hasta el desarrollo de la sociedad moderna actual, comparándolo con un paseo en tu auto exótico, tendrías que conducir tu bello carro por millones de años. Luego detenerte, tomar un marcador y dibujar una línea que cruce la calle. Todo el trayecto desde que partiste hasta la línea que trazaste es la historia de la humanidad desde su aparición hasta el inicio de la sociedad moderna, el grosor de la línea vendría siendo esta última, es decir, la sociedad desarrollada en que vivimos. Si la línea fuera un poco más gruesa digamos que del grueso de una brocha, abarcaría también la sociedad del conocimiento en general.

Este artículo lo expresa de manera magistral y simple.

"La vida en la Tierra tiene una historia de miles de millones de años, lapso de tiempo incomprensible para los efímeros seres humanos. Por ello se justifica que utilicemos, en esta nota, una metáfora basada en un concepto para medir el transcurso del tiempo, más familiar para todos, como lo es el año de 365 días.

Así al calcularse la edad de la Tierra en 4600 millones de años, y al encontrarnos con que los fósiles de seres vivos más antiguos que se conocen, muestran que hace alrededor de 3500 millones de años ya existía una gran diversidad de especies de bacterias, concluimos que la vida debió haberse originado en el planeta hace más de 3500 millones pero no más de 4600 millones de años. Ahora bien, para fines prácticos, vamos a suponer que surgió la vida hace 3650 ¼ millones de años, con el fin de poder comparar su duración con 365 1/4 días, o sea un año.

Por lo tanto, y volviendo a la metáfora, un día equivaldría a 10 millones de años. Así, observamos que la forma mas compleja de vida durante los primeros meses la representaban las bacterias. Ya para lo que vendría a ser fines de julio o principios de agosto, aparece, por primera vez en el registro fósil, un protista, pero más de la mitad del tiempo, la Tierra estuvo habitada sólo por bacterias.

Los primeros animales no aparecieron hasta hace unos 600 o 700 millones de años, o sea ¡a finales de octubre! La Era Paleozoica, en la que la fauna comienza a parecerse a la actual (por lo menos se conocen representantes de varios phyla que aún existen) empieza a principios de noviembre. ¡Los fósiles más estudiados y los phyla actuales tienen menos de dos meses de existir! metafóricamente hablando, claro está.

Aunque los animales y las plantas se originaron en el mar, las primeras plantas y animales terrestres no aparecen hasta el 20 de noviembre o un poco después; pero tanto las primeras plantas como los primeros animales terrestres (artrópodos) eran muy pequeños.

En pocos días, aparecen los primeros anfibios y el 28 de noviembre, el primer reptil. Los continentes se encuentran unidos formando el supercontinente Pangea más o menos del 1° al 12 de diciembre, en el que se empieza a fragmentar. Entre el 7 y el 8 de diciembre (o sea hace 240 millones de años) se produce la mayor extinción de todos los tiempos, en la que se calcula que se extinguió repentinamente el 96% de las especies.

Los dinosaurios y los mamíferos aparecen alrededor del 9 o 10 de diciembre. Ambos surgen como carnívoros o insectívoros pequeños, pero los dinosaurios se expanden y dominan el mundo, hasta que sus últimos representantes se extinguen, aproximadamente al mediodía del 25 de diciembre, junto con un gran porcentaje de otras especies. Habían dominado el mundo medio mes, mas de 160 millones de años. Pero mucho antes de extinguirse, antes del 16 de diciembre, dieron origen a las primeras aves.

Del 25 de diciembre en adelante, los mamíferos han sido los vertebrados dominantes. En los últimos 5 1/2 días del año, surgieron los primates, murciélagos, ballenas, roedores, ungulados, carnívoros y la mayoría de los órdenes de mamíferos que actualmente forman parte de la fauna.

Fue el 31 de diciembre (hoy) cuando los antepasados del hombre se separaron de los antepasados de los gorilas y chimpancés. El género Homo apareció hace 1.8 millones de años, a las 7:30 de la tarde. Ya tenía entonces el doble de la capacidad craneana que la de su antepasado el Australopithecus, lo que equivale a la mitad de la capacidad craneana promedio de nuestra especie. A las 11:15 (casi 30000 años) nuestra especie ya pintaba en los muros de las cuevas. El alfabeto fue inventado en el Medio Oriente hace 6 minutos (hace alrededor de 5000 años). Nuestra era comienza hace 2.86 minutos (hace 1990 años) y Charles Darwin publicó El Origen de las Especies por medio de la selección natural apenas hace 11 segundos (132 años).

Usted esta leyendo este artículo precisamente a las 12 de la noche del "año de la vida".

No olvide que, siguiendo la metáfora del año de la vida, si ésta comenzó el año pasado, el ser humano apenas surgió hace pocas horas; su sangre se separó de la de los grandes monos apenas hoy, los primates surgieron hace cinco días y medio, los mamíferos aparecieron hace 21 días y los animales multicelulares sólo hace un mes y pico. Recuerde eso cuando lea que las bacterias han existido en la Tierra más de 3500 millones de años."[2]

Para muchos la era del conocimiento empezó en los 90, para algunos estudiosos del tema, en los cuales me incluyo, esta empezó desde que el hombre empezó al divulgar el saber, es decir con la escritura y tuvo su gran despegue con la inversión de la imprenta por Johann Gutenberg a mediados del siglo 14. Aunque ya los romanos 400 años a.C. utilizaban moldes de arcilla y los chinos en el siglo 11 utilizaban piezas de porcelana para hacer reproducciones. En europa, durante la baja edad media se utilizaba la xilografía para imprimir carteles y panfletos. La sociedad del conocimiento empezó con los escritos de Peter Drucker es decir que según este concepto fue a principios de los 90. Pero yo prefiero llamar esta era la de la sociedad de la información ya que es las era del las TICs (Tecnologías de la Información y la Comunicación).

Porque lo que ha ocurrido es que el conocimiento se ha puesto en manos de todos, se democratizado el saber y por tanto todo el que quiere tiene acceso a la información a través de las nuevas tecnologías.

A diferencia de tiempos anteriores en que se divulgaba el conocimiento pero no para todos. Hubo tiempo en que el tener acceso a libros de física, astrofísica, astronomía era solo para una élite privilegiada. Sobre todo por lo peligroso que era afirmar cosas que no estuvieran en las sagradas escrituras. Como afirmar que la tierra era redonda.

Ahora veamos lo siguiente; En un lago hay una superficie cubierta de nenúfares y cada día esa extensión dobla su tamaño. Si tarda 48 días en cubrir el lago, ¿cuánto tarda en cubrir la mitad del lago

Quizá la forma más sencilla de entender este acertijo sea respondiéndolo desde el final. Si el lago está cubierto en 48 días, y cada día se duplica el tamaño de la superficie de nenúfares, entonces la mitad del lago estará cubierta un día antes de que duplique su tamaño y quede totalmente cubierto. Por lo tanto, 47 días. Lo que acabamos de ver en acción es el principio de exponencialidad en acción. Pero cuando se trata de la evolución del conocimiento las cosas van más allá. O justifica esta fórmula la velocidad hemos avanzado?. Por supuesto que no.

Uno de los ejemplos que más me gusta utilizar cuando conversamos entre amigos este tema es el de la aviación, veamos.

La historia de la aviación se remonta al día en el que el hombre prehistórico se paró a observar el vuelo de las aves y de otros animales voladores. El deseo de volar está presente en la humanidad desde hace siglos, y a lo largo de la historia del ser humano hay constancia de intentos de volar que han acabado mal. Algunos intentaron volar imitando a los pájaros, usando un par de alas elaboradas con un esqueleto de madera y plumas, que colocaban en los brazos y las balanceaban sin llegar a lograr el resultado esperado.[3] Muchas personas decían que volar era algo imposible para las capacidades de un ser humano. Pero aun así, el deseo existía y varias civilizaciones contaban historias de personas dotadas de poderes divinos que podían volar. El ejemplo más conocido es la leyenda de Ícaro y Dédalo, que encontrándose prisioneros en la isla de Minos se construyeron unas alas con plumas y cera para poder escapar. Ícaro se aproximó demasiado al Sol y la cera de las alas comenzó a derretirse, haciendo que se precipitara en el mar y muriera.[4] Esta leyenda era un aviso sobre los intentos de alcanzar el cielo, semejante a la historia de la Torre de Babel en la Biblia, y ejemplifica el deseo milenario del hombre de volar.

La historia moderna de la aviación es compleja. Durante siglos se dieron tímidos intentos por alzar el vuelo, fracasando la mayor parte de ellos, pero ya desde el siglo XVIII el ser humano comenzó a experimentar con globos aerostáticos que lograban elevarse en el aire, pero tenían el inconveniente de no poder ser controlados. Ese problema se superó ya en el siglo XIX con la construcción de los primeros dirigibles, que sí permitían su control. A principios de ese mismo siglo, muchos investigaron el vuelo con planeadores, máquinas capaces de sustentar el vuelo controlado durante algún tiempo, y también se comenzaron a construir los primeros aeroplanos equipados con motor, pero que, incluso siendo impulsados por ayudas externas, apenas lograban despegar y recorrer unos metros. No fue hasta principios del siglo XX cuando se produjeron los primeros vuelos con éxito. El 17 de diciembre de 1903 los hermanos Wright se convirtieron en los primeros en realizar un vuelo en un avión controlado,[5] no obstante algunos afirman que ese honor le corresponde a Alberto

Santos Dumont, que realizó su vuelo el 13 de septiembre de 1906.[6]

A partir de entonces, las mejoras se fueron sucediendo, y cada vez se lograban mejoras sustanciales que ayudaron a desarrollar la aviación hasta tal y como la conocemos en la actualidad. Los diseñadores de aviones se siguen esforzando en mejorar continuamente las capacidades y características de estos, tales como su autonomía, velocidad, capacidad de carga, facilidad de maniobra o la seguridad, entre otros detalles. Las aeronaves han pasado a ser construidas de materiales cada vez menos densos y más resistentes. Anteriormente se hacían de madera, en la actualidad la gran mayoría de aeronaves emplea aluminio y materiales compuestos como principales materias primas en su producción.[7] Recientemente, los ordenadores han contribuido mucho en el desarrollo de nuevas aeronaves .

Como podemos ver independiente de quien haya realizado el primer vuelo, este ocurrió a finales de el Siglo 19, es decir hace un poco más de 100 años. Y cuánto hemos avanzado! De mirar por millones de años el firmamento, a en tan poco tiempo poner personas en la luna, colocar satélites en órbita. Sin contar que cada año se registran más de 12 millones de pasajeros en 120.000 vuelos diarios, según el último informe «Aviation: Benefits Beyond Borders», elaborado por el Air Transport Action Group (ATAG).

En 2017, el número de pasajeros aéreos mundiales superó por primera vez los 4.100 millones, lo que supuso un 7,3% más que en 2016, un crecimiento impulsado por la mejora notable de la economía mundial y unas tarifas aéreas más bajas, según datos ofrecidos en septiembre por la Asociación de Transporte Aéreo Internacional (IATA), que aglutina al 82% del mercado aéreo.

El alcance de la industria tiene otras cifras superlativas: 1.303 líneas aéreas vuelan 31.717 aviones en 45.091 rutas entre 3.759 aeropuertos en el espacio aéreo administrado por 170 proveedores de servicios de navegación aérea. En total, el transporte aéreo genera 65,5 millones de empleos directos e indirectos (más de 10 millones de personas trabajan directamente en la industria de la aviación) y aporta 2,7 billones a la economía mundial.

El informe añade otros datos curiosos:

-Las tarifas aéreas actuales son aproximadamente un 90% más económicas respecto a lo que habría costado el mismo viaje en 1950.

-Si la aviación fuera un país, sería la 20ª economía más grande del mundo, aproximadamente del tamaño de Suiza o Argentina.[8]

Sería esto exponencialidad?. Si aplicamos la fórmula de crecimiento de la flora en las aguas del lado tendríamos igual resultado?. Claro que no, la velocidad en que el conocimiento se potencia es matemáticamente incalculable e impredecible.

Llamamos sinergia al efecto que produce la unión de dos fuerzas de trabajo, pero en especial cuando el resultado supera la suma de sus factores.

Me gusta utilizar el ejemplo de la música, cuando suena un instrumento digamos la batería puede que empieces a marcar mover tu cabeza con su ritmo, luego entra el banjo y esto captaría más tu atención, en unos momentos suena la guitarra, y para cuando el cantante empieza a entonar su canción ya estás atrapado en todo un sentimiento. Ese efecto final es más grande que la suma de sus partes.
A pesar de que nuestra historia se ha escrito con guerras y luchas, de que hemos sido grandes depredadores, entre otras cosas. El ser humano ha colaborado con sus semejantes de una manera extraordinaria, el mal ha sido muy poco con respecto al bien que hemos hecho por nuestra especie. Claro esto no justifica para nada la maldad y las atrocidades que hemos cometido.

Pero como hemos podido ver, hemos ido construyendo todo un proyecto a través de los siglos que ha sido más grande y poderoso que el interés personal o grupal. Un proyecto que se impone de manera colectiva por encima de las luchas de los grandes imperios que se han ido enfrentando durante el devenir de los tiempos. Esto para mi es toda una experiencia espiritual, solo basta con preguntarnos, puede esto ser casualidad? De haber sido casual no se hubiera mantenido en pie por los siglos de los siglos. El uso de la inteligencia para la construcción del saber que hemos acumulado como especie es una empresa que ha sido exitosa a través del tiempo. Un proyecto que nunca a quebrado y que hemos cuidado con esmero.

Es tan así que la mismas instituciones que niegan muchas de las cosas que la ciencia ha venido planteando han sido los principales financiadores y protectores del mismo. Y es que repito esta es un empresa en la que cada ser humano se sienten accionista.

Puede todo esto obedecer a la pura casualidad? No lo veo así, para mi Dios tiene un plan. Sentir que es así, y a la vez no tener idea de a donde apunta este proyecto es para mi uno de los misterios más grandes, bellos e intrigantes. Me niego a creer que todo esto sea un mero espectáculo para el entretenimiento y adulación de nuestro creador, creo que la evolución es parte de las herramientas con que Dios ha contribuido la vida. Más hoy que sabemos que la evolución ya no es una simple teoría, sino que es un hecho científicamente comprobado. Como diría Neil de Grass Tyson, "Negar la evolución sería como negar la ley de la gravedad". Para quienes amamos las ciencias, nos maravillamos con la inteligencia y vemos en el conocimiento el proyecto más bellos y grande de la humanidad, esto es una experiencia religiosa sin comparación alguna.

La diferencia en la forma de visualizar a Dios entre una persona religiosa y una de ciencia radica en que la primera no busca más allá de sus creencias, y quiere imponer su forma de verlo sin hacer uso de la razón. Limita toda su investigación a los textos religiosos y destruye cualquier intento de tratar de buscarlo más allá del agujero en que meten sus cabezas. Para quienes nos maravillamos ante el funcionamiento del simple vuelo de un ave, la caída de una flor o el brillo de la Luz en el firmamento, comprender cómo funciona cada fenómeno es un compromiso con nosotros mismo y con el mundo. Detrás de cada cosa hay una causa, detrás de cada cosa que se mueve o permanece estática existe una fuerza que actúa sobre ella. Mentes como las de Giordano Bruno, Galileo, Newton, Einstein o Hawking, comprender el todo es conectar con Dios. Ese noble espíritu que tienen algunos por comprender cómo funciona un juguete, es el mismo que también busca comprender la vida en sus aspectos particulares y

generales. Creo que sería una falta imperdonable antes
Dios no hacer uso de las herramientas para quitarle el

velo al maravilloso misterio que es el mundo.

Desarrollando en ti todo el poder del conocimiento.

LA MAGIA DEL ECOSISTEMA MENTAL HUMANO.

"El hombre padece enfermedades mentales. Los animales irracionales, no, porque no se pierde algo que no se tiene. ningún animal irracional tiene mente. Esta es inherente a ese ser superior que es el hombre. lo único parecido a la enfermedad mental del hombre."
Mis 500 locos. Dr. Miguel Zaglul

En una ocasión Neil de Grass Tyson para cerrar su programa Star Talk en la que había entrevistado al brillante astrofísico británico Stephen Hawking, quien como todos sabemos estaba totalmente inmóvil fruto de su enfermedad, pero quien a pesar de esta condición trabajó en las leyes básicas que gobiernan el universo. Junto con Roger Penrose mostró que la teoría general de la relatividad de Einstein implica que el espacio y el tiempo han de tener un principio en el *big bang* y un final dentro de agujeros negros. Semejantes resultados señalan la necesidad de unificar la Relatividad General con la teoría cuántica. Es lo que se llama la búsqueda de la teoría del todo. Para despedir este capítulo Neil dijo que los seres humanos hemos sobrevalorado nuestro cuerpo y apariencia física, sin darnos cuenta que de todas las especies si en algo nos quedamos rezagados es en lo físico. No somos más veloces, ni más grandes, ni más fuertes. En lo único que nos distinguimos es en nuestra capacidad mental. También mencionó que Hawking a pesar de estar inmóvil había ido con su mente a lugares que muchos nunca llegaran.

Para mi esa es la importancia de cultivar nuestra mente a través del conocimiento.

El conocimiento se puede definir como un proceso mediante el cual la realidad es incorporada y reproducida en el pensamiento. Pero a mi entender esta es una definición un tanto limitada, de lo que realmente es. Si tomamos como ejemplo el ejercicio anterior con respecto al coronavirus tendríamos que ver el conocimiento como una dinámica mucho mas compleja. En la que se compara, analiza y se razona producto de una diversidad de fuentes de datos. En la que no simplemente se incorpora información.

El conocimiento es una actividad exclusivamente humana. Un perro por citar un ejemplo puede tener una información, el sabe donde le colocan su comida, por ejemplo. Pero eso no lo hace un conocedor al respecto.

Es ampliamente conocido el famoso experimento de los perros de Parlov, en el cual cada vez que se les daba de comer a los perros se tocaba una campana. Luego cada vez que sonaba la campana los perros empezaban a salivar. Es esto conocimiento? Por supuesto que no, eso es condicionamiento a través de información, esto se conocen psicología como el condicionamiento clásico.

Has notado que algunas personas gozan de un aura especial que los hace distinguirse sin tener que esforzarse? Que irradian un bienestar que es inexplicable y que es algo independiente de la cantidad de dinero que posean? Es como si fueran dueños de algo que no se vende en ninguna parte, como si hubiesen bebido de alguna fuente secreta. Los ejemplos están por todos lados, pero a la vez es un misterio como lo hacen. Gozan de mejor salud, envejecen más lento y tienen una vitalidad increíble a pesar de los años.

Recuerdo que desde muy temprana edad me fijaba en los más adultos y establecía esas diferencias entre ellos. Por lo que para mi fue un gran reto tratar de encontrar esa magia. Era esto fruto de la inteligencia, del conocimiento, de la intelectualidad, de la espiritualidad? Quienes lo poseían? Los políticos, los sacerdotes, los ricos, los pobres, los sabios?

De una cosa estaba seguro, primero de que yo no sabía la respuesta, segundo que lo iba a averiguar.

Cuando terminé el bachillerato sabía otra cosa, que yo eso no lo tenía, por lo que me iba a concentrar en buscarlo, porque sabía que sin eso, no iba a tener éxito en ninguna carrera que emprendiera.
Por lo que me dediqué a leer, durante diez años no me inscribí en la universidad, trabaja y leía. Claro también llevaba una vida bien normal con respecto a todas las demás cosas. Sabía que en la vida misma estaban gran parte de las respuestas.

Se que pude inscribirme a estudiar psicología, pero como mi madre trabajaba en el área administrativa de la principal clínica hospitalaria de la ciudad pude conocer a muchos profesionales de la salud, y me fijaba que algunos si tenían lo que yo buscaba, pero otros no. Y la proporción no era distinta a las demás áreas. Sabía que en el estudio de la conducta habían respuestas pero que no era "la respuesta".

Luego empezé a laborar como visitador a médicos para la compañía argentina Gador en el area de pisco fármacos. Esta fue una gran oportunidad de estar en contacto con los profesionales de las salud mental, pues mi trabajo era en un 75 por ciento con psiquiatras.
Entre los libros de superación personal y los libros que me recomendaban ellos seguía en mi búsqueda.

Que encontré? Que ninguna rama del saber posee la respuesta definitiva. Que la mente es un ecosistema en que deben coexistir armoniosamente la inteligencia, la inteligencia emocional, la intelectualidad, el conocimiento, la creatividad, la búsqueda de placer y experiencias, entre otras.

El problema está en que no todos llegamos a saber diferenciar esos ingredientes para poder equilibrarlos de forma efectiva. Es como si todos estuvieran entremezclados y los perviviéramos como una sola cosa. Que llamamos "yo".

Por ejemplo, estamos en un mood o sentimiento, que nos hace ver todo oscuro, somos totalmente inconscientes de que esa actitud nos está segando ante las posibilidades de que las cosas puedan salir bien. Y nos definimos en base a ese momento, es decir decimos yo creo que... Yo soy así... Estoy seguro de que esto tendrá tal o cual resultado...Etc.

Que ocurre? Digamos que tienes un coeficiente intelectual del 100 por decir algo, pero debemos darnos cuenta que ese coeficiente será el mismo cuando estes embargado por un sentimiento u otro. Y serán los resultados iguales a la hora de ver la vida, tratar de resolver un problema o pensar con respecto al futuro? Claro que no. Eres más inteligente en un momento o en otro? Si y no.

Imagínate un automóvil que posee un motor de 500 caballos de fuerza, se va a comportar igual con el tipo de combustible correcto que con uno que no es para el? O con las gomas incorrectas? Por citar algo.

Pues eso ocurre con nosotros.

Observa que tenemos un cerebro, que es una súper computadora biológica, y en ella habita la mente que es un sistema operativo.

Porque decimos esto porque en una computadora, smartphone o tablet tenemos un hardware, es decir una parte física, sólida y palpable. Y por supuesto un software que es algo que no podemos tocar, un especie de alma que da vida al equipo.

Observa qué haciendo uso del mismo hardware, dependiendo del sistema operativo y de sus actualizaciones puede un equipo tener una forma de desempeño u otro. Pues extrapolemos esto a nosotros y no será difícil comprendernos a nosotros mismos.

Hoy en día se ha puesto muy de moda el concepto del mindfulness, que es una práctica que se desprende del la meditación budista. Muchas personas tienden a confundir el budismo con una religión, y muchos han asumido de esa manera, sin embargo lo que es en realidad es un sistema para superar el sufrimiento. Y porque viene esto al caso?

Porque uno de los aspectos que más afectan al ser humano y por ende su desempeño cognitivo, mental e intelectual, es su nivel de felicidad, paz y autocontrol.

Supongamos que tienes un determinado coeficiente intelectual o CI y que tienes un problema con alguien, sabes que dependiendo como asumas emocionalmente la situación está podría tomar un rumbo u otro. Pero independientemente de el camino que tome esta, tu CI sigue siendo el mismo, sin embargo el desenlace pudo ser de una manera o todo lo contrario a esta.

Otro ejemplo es a la hora de hacer una compra, piensa en que es más determinante a la hora de comprar un auto o una casa, el cálculo matemático o el nivel de seguridad, tranquilidad, bienestar y estatus que estos provean? Todos sabemos que la mayoría de las personas viven endeudados porque sus decisiones están basadas en aspectos emocionales y no económicos.

Cuando se trata de aprender es el mismo caso, las emociones influyen más que cualquier la parte intelectual a la hora de fijar conocimiento en nosotros.

Recuerdas donde estabas cuando te enteraste de la muerte de Kobe Bryan? O si eres un poco mayor, cuando viste la caída de las torres gemelas el 11 de septiembre?

Las emociones sellan la información en nuestra mente. Esto es porque no somos seres pensantes que sentímos, sino más bien, seres emocionales que pensamos.

Es un error muy frecuente pensar que el coeficiente intelectual y el emocional son fuerzas opuestas en nuestra mente. En realidad son aspectos que se complementan entre sí.

La razón por la que hacia mención sobre las técnicas del budismo y el mindfullnes es porque los aspectos más brillantes de la mente salen a flote cuando no estamos en un estado de sufrimiento y/o miedo.
Esto es fácil de comprender. Solo cuando estamos totalmente presentes y concentrados podemos observar e incorporar en forma de conocimiento la información. Grecia es la cuna de la civilización porque fue en ella donde primero se crearon las condiciones para que el ser humano pudiera dedicarse a pensar, ya no éramos meros animales tratando de huir de las garras de los depredadores. Ahí empezó la filosofía, y de ella todas las demás ciencias.
Esta es la razón por la que en países como el que me vió nacer, no sean muy común los grandes científicos y pensadores. Mientras una sociedad está en modo sobrevivencia es poco probable que se desarrollen las ciencias.
Desde los más jóvenes en edad escolar, que no tienen la tranquilidad para dedicarse a cultivar su intelecto, a parte de que muchas veces tienen que empezar a trabajar para ayudar a conseguir los elementos básicos de la supervivencia, hasta los adultos que viven en

estado constante de alerta para no ser devorados por los problemas financieros, que para la mente subconsciente son depredadores en medio de la noche buscando su cena.

"Las respuestas emocionales primitivas tienen las claves de la supervivencia: el miedo hace que la sangre llegue a los músculos grandes; la sorpresa permite que los ojos reúnan más información sobre lo inesperado. La vida emocional se desarrolla en la zona del cerebro llamada sistema límbico, concretamente en la amígdala, donde se originan el deleite y el asco, el miedo y la ira. Hace millones de años se sumó a éstos el neocórtex, que permitió a los humanos programar, aprender y recordar. El deseo sexual procede del sistema límbico; el amor del neocórtex. Cuantas más conexiones haya entre sistema límbico y neocórtex, más respuestas emocionales son posibles.

Si hay una piedra angular de la inteligencia emocional, es la conciencia de uno mismo, de ser inteligentes a la hora de sentir. Los científicos hacen referencia al metahumor, la capacidad de reconocer que lo que se siente. Para Goleman, esta conciencia es quizá la capacidad más crucial porque nos permite ejercer cierto autocontrol. La idea no es reprimir los sentimientos (la reacción que ha hecho ricos a los psicoanalistas) sino hacer lo que Aristóteles decía en Ética a Nicómaco: "Cualquiera es capaz de enfadarse, eso es fácil. Pero enfadarse con la persona adecuada, en el grado adecuado, en el momento adecuado, con el propósito adecuado y de la forma adecuada, eso no es tan fácil". La comprensión actúa como amortiguador de la crueldad"[9]

En la mente y el corazón de los humanos solo existen dos cosas, el amor y el miedo. Estos son la luz y la sombra de la mente. Pero a diferencia de como vemos las cosas generalmente en la que tratamos de vencer una parte "Negativa" con la "Positiva", dentro de nosotros el poder está en la unidad, no el la separación.
Es como los espectros de la Luz en la realidad que perciben nuestros ojos, no es posible que puedas apreciar las letras de este libro sin la dinámica de la Luz y la oscuridad. No se trata de que una venza la otra, no es como en Las Guerras de las Galaxias, en que luchan los Jedi contra Dark Vader.

Se que esto suena un tanto exotérico, pero es que no hay otra forma de exponerlo. La mente es como una pizza que se compone de muchos ingredientes y matices. La magia ocurre cuando encontramos el punto en que se equilibran e integran los sabores y texturas. Por esto es que ninguna rama del conocimiento de manera individual puede respuesta. La psicología, la filosofía, la medicina, la tecnología, espiritualidad, entre otras son solo slides de esa pizza. La plenitud se logra con la correcta cantidad de cada una. Tratar de encontrarla en una sola es el error más común en el que solemos caer como especie , esa es la trampa qué hay que romper.

Cuando veo a un psicólogo cuestionando que un coach que tiene éxito con su forma de ayudar las personas siento lastima de ese profesional a pesar de que le respete. Aunque muchos lo hacer por un tema meramente de temor a que alguien que no fue a la universidad a estudiar esta disciplina tenga más éxito y proyección. No se dan cuenta que esa persona tiene lo más importante que es que tiene una mente!. Y que de forma empírica muchas veces se logra comprender igual más como funcionan las cosas. Yo soy un gran doe de los hombres de ciencia, pero debemos admitir que en materia de transformación humana los aportes más impactantes los han hecho personas que no son profesionales de la salud mental. Solo basta con analizar los autores más influyentes en materia de superación personal, Antony Robins, Paolo Cohelo, Louise Hay, Deepak Chopra, Etc. Este último es médico, pero no psicólogo.

En la medida que vamos conociendo la mente, sobre todo se le dedicáramos algún esfuerzo a estudiar sobre la genialidad o sobre las enfermedades mentales, nos daríamos cuenta que la mente es como un músculo que si no lo usas no se desarrolla, pero si lo cargas con demasiada carga va fallar. Un intelectual es un atleta de la mente. Cuando aprendemos sobre las terapias que se utilizan en psiquiatría vemos qué hay dos que son intrigantes, por la razón de que sus resultados son innegables, a pesar de que no se sabe a ciencia cierta porque. La primera es el electro shock, que consiste en aplicar una descarga eléctrica de las sienes del paciente. Recuerdo haber presenciado este fenómeno en el Hospital Cabral y Báez de Santiago cuando laboraba como visitador a médicos. Algo que me pareció la cosa más atroz del mundo, hasta que un día un paciente me comentó que no sentían ningún sufrimiento. Algo difícil de comprender, ya que vi que les ponían una goma entre los dientes para que no se mordieran la lengua. Esto a parte de los gritos hacían al recibir la descarga. Recuerdo que cuando vi la película "A Beautiful Mind" Reviví esa eecenas. El otro es otro es el como inducido con insulina, algo parecido, en donde se le crea un coma al paciente ovacionándole un coma diabético, y luego sacándole de este con soluciones de dextrosa. Que nos hace pensar esto, que lo que ocurre es que se está llevando al enfermo a abandonar forzosamente su mente, y así cortar con su cadena de pensamientos recurrentes que le ha "deshidratado" la el cerebro en términos psíquicos. Me recuerda al típico alcohólico que toma hasta caer en un coma, del que sale cuando se le suministra un suero de dextrosa en la sala de emergencias. Quien ha conocido a alguien así sabe que estas personas ni siquiera comen cuando beben, lo que les garantiza su vuelo de ida al más allá al no suministrarle a su sistema azucares ni carbohidratos, estos últimos como sabemos terminan convirtiéndose en los primeros. Es como si instintivamente le cortaran al sus cerebros el sumistro de energía, para que arranque de nuevo. Como cuando no podemos más con una computadora y la desconectamos y también le sacamos la batería. Se están reiniciando.

Recordemos que la mete tiene su batería llamada psiques. Esta se "Recarga" con el descanso, es por esto que luego de una noche de insomnio nos sobreviene un día de depresión e irritabilidad.

Esto es importante de recordar, ya que nos hace tomar conciencia de cómo funciona. A veces menos es más, muchos caen víctimas de sus mentes. Palean el sufrimiento que les causa abusar de este músculo cuando literalmente duele, con una diferencia, cuando abusamos de nuestros bíceps o cualquier otro músculo el dolor se manifiesta en el mismo. Cuando abúsanos de nuestra mente cayendo en pensamientos de culpa, obsesivos, Etc. Rara vez el dolor será en la misma zona de la cabeza como es el caso de las migrañas. El dolor se manifestará en forma de somatizaciones en cualquier otra parte del cuerpo, colitis, taquicardia, neuralgias, Etc. Es por esto que para algunos científicos la mente no solo está en el cerebro, sino que está en todo el cuerpo.

LA CHISPA DE LA CURIOSIDAD HUMANA

En la película de Netflix "El Niño que Domó el Viento" William (Maxwell Simba) es un niño de 13 años que vive en una zona rural de Malawi. Allí las condiciones económicas han empeorado debido al mal clima. Esto además le ha obligado a dejar la escuela, porque su familia no puede afrontar otro gasto que no sea la comida. Para salvar de la hambruna a su pueblo, este joven con una mente curiosa se inspirará en un libro de ciencias para construir una turbina de viento. Con ese molino su comunidad podrá regar los cultivos. A pesar de las dificultades para crear esta máquina hecha con chatarra. En esta película basada en hechos de la vida real, podemos apreciar el drama que viven todas las personas que se han atrevido a creer en el conocimiento, su padre a pesar de haberlo enviado a la escuela se resiste a creer en el projecto científico que su hijo emprende para ayudarlos a todos a sobrevivir.

Este drama es el mismo que le toca a la mayoría de los que se proponen buscarle solución a las cosas haciendo uso de los recursos del saber. Y a pesar de que históricamente la ciencia ha encontrado la forma de abrirse paso entre la oscuridad de la ignorancia del entorno, creo que ya es hora de que no sea tan cuesta arriba para quienes creen en buscar soluciones haciendo uso del conocimiento.

Pero esto no es tarea fácil en gran medida porque en la mayoría de los casos estas limitaciones provienen de personas con un alto fanatismo religioso. En el momento que escribo este libro está ocurriendo en el mundo la pandemia del Covonavirus y algunas personas comentan de forma irónica, que dónde están los científicos, que no han hecho nada para detener el virus. Sin embargo no se dan cuenta que ha sido el estudio científico el que ha aportado lo poco o mucho que se sabe al respecto. Que a diferencia de cuando la peste bubónica, ahora se sabe que es lo que está ocurriendo, y que el saber nos está ayudando a que no mueran tantas personas como en aquella ocasión en que cerca de 250 millones de personas murieron, solo por citar una de estas pandemias.

Lo ideal sería que de un vez por todas lleguemos a un entendimiento, un cese al fuego entre ciencia y religión, pero se que esto no va a ocurrir durante muchísimo, muchísimo tiempo, es por esto que no queda más que atreverse a pensar diferente.

Esta es el porque tienen más éxito algunas personas en áreas en que otros se jactan de tener títulos de las mejores universidades? La respuesta es la curiosidad, la curiosidad es el hambre de la mente por conocer con respecto a algo. Pero esta nace de lo más profundo del ser humano y no se puede imponer ni moldear. Los diferentes temas que nos llaman la atención varías de individuo a individuo, son fruto de su interacción con el mundo en sus primeros años de vida, y no de la de sus padres o tutores. El tema que despierta la curiosidad y por ende la pasión para investigar con respecto a un tema no se hereda.
Digamos que en ti niñez o adolescencia viste como en tu familia habían casos de depresión y suicidio. Pero a tu corta edad te era imposible comprenderlo, puede que esto te haya creado una necesidad inmensa por estudiar todo lo relacionado a la conducta humana. Este deseo te impulsaría a poner toda tu energía y empeño en esta área del saber. O quizá fuiste tú mismo un adolescente depresivo que vio la luz a través de algún tipo de terapia o forma de aprendizaje.

Pero qué tal si no fue a ti que té ocurrió? Que fue tu madre o padre quién le ocurrió esto, y por circunstancias ajenas a su voluntad no pudo realizarse llegando a estudiar y comprender este fenómenouna emocional. Luego vio en ti la forma de hacer ese sueño realidad, piensas que vas a tener unas ganas auténticas de entregarle tu vida a este tema?. Por supuesto que no, puede que si te hagas un profesional de la conducta, Psicólogo o Psiquiatra, que vaya cada día a dar tus consultas y hasta que tengas éxito relativo.

Pero piensas que de esa manera vas a ser un profesional extraordinariamente apasionado por encontrarle respuestas a las cosas más profundas e intrigantes de la mente humana?

La pasión por aprender es como el amor a nadie se le puede imponer de quien se va a enamorar. Los gustos vienen de áreas de la mente que no podemos acceder, de lo más profundo del inconsciente.

LA CREATIVIDAD Y LA CAPACIDAD DE INVENCIÓN.

"El secreto del éxito está en atreverse"_Oscar de la Renta.

Uno de los retos que me propuse al escribir este libro fue el de que no solo fuera un tratado de difusión, sino también, que a la vez diera herramientas al lector para que transformara su vida aplicando lo aprendido.

Pienso que cuando una obra solo tiene contenido teórico y no expone también explicación que pueda ser utilizada en la vida del lector para ser más productivo, esta se queda en el campo del entretenimiento intelectual solamente.

Es por esto que este capítulo es muy importante, todo logro alcanzado por alguien proviene de su creatividad, la creatividad es sinónimo de productividad.

Claro que también podemos ser productivos haciendo tareas repetitivas, pero eso no nos va a llevar muy lejos, y más importante aún no habremos hecho ningún aporte a nuestro mundo.

Siempre tendemos a pensar que ser creativo es crear cosas de la nada, observamos a artistas, autores, entre otros. Y creemos que las cosas que hacen son fruto de una capacidad que a ellos les fue dada y a nosotros nos la negaron. Te tengo una noticia que te va a ser muy útil, no es así, nada proviene de la nada.
Todo lo que vemos es fruto de un proceso evolutivo de reinventar las cosas. Tomemos por ejemplo la rueda, mira a tu alrededor cuántas cosas tienen ruedas? Y cuantas tienen otras formas de adaptaciones de la rueda? Hélices, rodamientos, Etc.

La invención de la máquina de vapor.

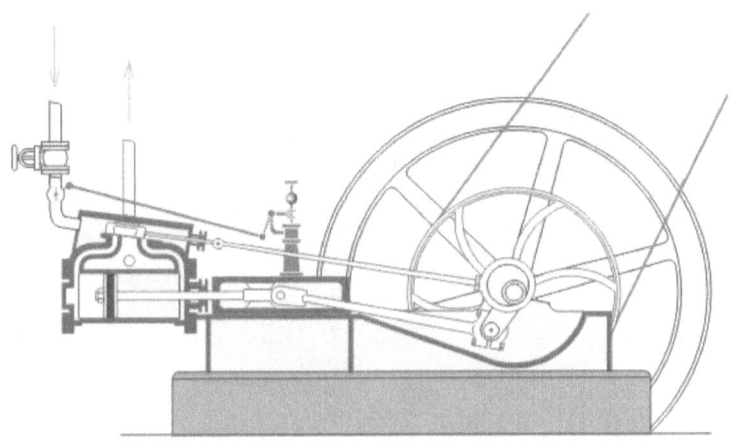

Una *máquina de vapor* es un motor de combustión
externa que transforma la energía térmica de una
cantidad de agua en energía mecánica. Este ciclo de
trabajo se realiza en dos etapas:

Primero: Se genera vapor de agua por el
calentamiento en una caldera cerrada herméticamente,
lo cual produce la expansión del volumen de un cilindro
empujando un pistón. Mediante un mecanismo de biela-
manivela, el movimiento lineal alternativo del pistón del
cilindro se transforma en un movimiento de rotación
que acciona, por ejemplo, las ruedas de una
locomotora o el rotor de un generador eléctrico. Una
vez alcanzado el final de carrera el émbolo retorna a

su posición inicial y expulsa el vapor de agua utilizando la energía cinética de un volante de inercia.

Segundo: El vapor a presión se controla mediante una serie de válvulas de entrada y salida que regulan la renovación de la carga; es decir, los flujos del vapor hacia y desde el cilindro.

El motor o máquina de vapor se utilizó extensamente durante la Revolución Industrial, en cuyo desarrollo tuvo un papel relevante para mover máquinas y aparatos tan diversos como bombas, locomotoras y motores marinos, entre otros. Las modernas máquinas de vapor utilizadas en la generación de energía eléctrica no son ya de émbolo o desplazamiento positivo como las descritas, sino que son turbomáquinas; es decir, son atravesadas por un flujo continuo de vapor y reciben la denominación genérica de turbinas de vapor. En la actualidad la máquina de vapor alternativa es un motor muy poco usado salvo para servicios auxiliares, ya que se ha visto desplazado especialmente por el motor eléctrico en la industria y por el motor de combustión interna.

La primera máquina de vapor fue la Eolípila creada por Herón de Alejandría.
En la máquina de vapor se basa la Primera Revolución Industrial que, desde fines del siglo XVIII en Inglaterra y

hasta casi mediados del siglo XIX, aceleró portentosamente el desarrollo económico de muchos de los principales países de la Europa Occidental y de los Estados Unidos. Solo en la interfase que medió entre 1890 y 1930 la máquina a vapor impulsada por hulla dejó lugar a otros motores de combustión interna: aquellos impulsados por hidrocarburos derivados del petróleo.

Muchos han sido los autores que han intentado determinar la fecha de la invención de la máquina de vapor. Desde la recopilación de Herón hasta la sofisticada máquina de James Watt, son multitud las mejoras que en Inglaterra y especialmente en el contexto de una incipiente Revolución Industrial en los siglos XVII y XVIII condujeron sin solución de continuidad desde los rudimentarios primeros aparatos sin aplicación práctica a la invención del motor universal que llegó a implantarse en todas las industrias y a utilizarse en el transporte, desplazando los tradicionales *motores*, como el animal de tiro, el molino o la propia fuerza del hombre. Jerónimo de Ayanz y Beaumont, militar, pintor, cosmógrafo y músico, pero, sobre todo, inventor español, registró en 1606 la primera patente de una máquina de vapor moderna, por lo que se le puede atribuir la invención de la máquina de vapor. El hecho de que el conocimiento de esta patente sea bastante reciente hace que este dato lo desconozca la gran mayoría de la gente.[10].

Porque pongo como ejemplo la máquina de vapor? Porque a pesar de lucir muy avanzada para la su época y de haber sido para muchos la impulsora principal de la primera revolución industrial, esta también es una reinvención de la rueda, observa que la parte a la que se le transmite toda la energía es a una rueda! Esta a su vez es la que va a proporcionar el trabajo en las locomotoras, máquinas de producción en industrias, pompas de extracción de agua, y así en una infinidad de artefactos que a su vez son reinversiones de esta hasta llegar a nuestros días y abandonar el vapor y utilizar los combustibles y energía eléctrica como fuente.

Este ejemplo es por supuesto de áreas de la ingeniería, pero qué tal en las artes? Hace un tiempo vi una charla TED en la que un DJ y productor musical explicaba como el sampling ha revolucionado la música. Como sabemos samplear no es más que tomar breves cortes de una pieza musical y combinarla con otras de manera que den lugar a una nueva pieza musical. El dúo francés de música electrónica Daft Punk está catalogado como uno de los más geniales creadores utilizando esta técnica. Es esto no ser creativo? Se podría decir que antes si se creaba música de verdad a partir de la nada? Por supuesto que no, lo productores musicales siempre han utilizado formas parecidas para crear nuevas melodías, nada viene de la nada. La memoria es una máquina sampleadora por excelencia y todo lo que produce lo hace de esa manera. Lo que ocurre es que generalmente ocurre de manera inconsciente. Cuantas veces no se ha visto demandado un músico, arreglista o compositor porque su pieza musical contiene partes que se parecen a otra? Aunque algunas veces si es cierto que puede ocurrir intencionalmente, otras veces

COMO LA INTELIGENCIA Y EL CONOCIMIENTO HUMANAS SE PROYECTAN EN EL UNIVERSO.

No quiero dejar pasar sin citar las siguientes líneas del famoso divulgador científico Neil De grasse Tyson.

"Si los extraterrestres deciden que las características químicas de la Tierra son evidencia certera de vida, tal vez se pregunten si la vida es inteligente. Posiblemente los extraterrestres se comuniquen entre sí, y quizás asuman que otras formas de vida inteligente también lo hagan. Quizá sea entonces cuando decidan espiar a la Tierra con sus radiotelescopios para saber qué parte del espectro electromagnético han dominado sus habitantes. Ya sea que los extraterrestres exploren con química o con ondas de radio, tal vez lleguen a la misma conclusión: un planeta donde existe tecnología avanzada debe de estar poblado por formas de vida inteligente, que quizá se ocupen de descubrir cómo funciona el universo y cómo aplicar sus leyes para beneficio personal o público.

Si los curiosos extraterrestres resultan ser más avanzados tecnológica, social y culturalmente que nosotros, entonces seguramente interpretarán estos biomarcadores como evidencia convincente de la ausencia de vida inteligente en la Tierra."

Que interesante, no?. Fíjate que el desarrollo del conocimiento humanos y la existencia de la inteligencia son fuerzas tan grande que se transmiten en el universo con más fuerza que la parte visual o cualquier otra forma física de proyección.

Y es que solo tenemos que analizar que de los planetas que nos rodean y que de una manera ultra hemos podido analizar, solo existe vida en el nuestro, pero aún más escasa es la posibilidad de encontrar vida inteligente.

Pero también si vemos la vida en nuestro planeta, de las millones de especies que lo habitan solo una la posee, la raza humana.

LA VIRTUALIZACIÓN DEL CONOCIMIENTO

De la arcilla a la pantalla.

Muchas personas se quejan de que cuando leen en dispositivos digitales como tablets sienten que aprenden menos que cuando lo hacen leyendo de un libro físico. Te pasa igual? Pues tranquilo eso tiene una explicación muy valida.

Como te había contado anteriormente las escritura empezó en las tablas de arcilla con la escritura cuneiforme 3000 anos A.C. El papiro fué inventado por los Egipcios a orillas del Río Nilo 2,800 A.C. Cuando Egipto prohibió la exportación de papiro, en la Ciudad asiática de Pergamo se empezó a utilizar la piel de animales lo que se conoce como pergamino, se empezó a utilizar entre el 2700 y 2500 A.C.

El papel fue inventado en China a principios del siglo II antes de Cristo.

La razón por lo que es importante recordar esto es porque se ha demostrado que nuestro cerebro es un órgano que se va moldeando con su uso, sus conexiones neuronales tienen un nivel de lo que se conoce cómo plasticidad. Pero estas adaptaciones no ocurren de la noche a la mañana. Nuestros ojos, nervios ópticos y estructura cerebral han venido durante siglos adaptándose y evolucionando para leer en papel en superficies opacas y con iluminadas desde afuera, tal y como el ojo ve todas las cosas. Por el contrario las pantallas cuentan con brillo y tienen iluminación interna.

Recuerdo que cuando cursaba la maestría en ciencias de la educación mención dirección de centros educativos esta era una interrogante que nos hacíamos mis compañeros y yo constantemente, ya que en esos días el gobierno de mi país implementaba el uso de laptops y en los colegios privados se comenzó el uso de tablets. Mis colegas directores de algunos de estos centros educativos decían que los estudiantes decían constantemente que ellos aprendían más cuando estudiaban del papel. Esta fue las razón por la que nos propusimos hacer una investigación al respecto, un tanto informal pero si respetando los puntos básicos que garantizara la credibilidad de sus resultados.

Como era una inquietud que compartimos varios directores de escuelas e institutos comunitarios hicimos un levantamiento con respecto al nivel de aprendizaje que obtenían los estudiantes dependiendo de si la fuente era letra impresa o digital.

No voy a entrar en los detalles, solo les comento, que yo que decía que era igual, vi como en los resultados obtenidos en 5 centros educativos que entre todos promedian unos 2000 estudiantes de entre 10 a 45 años de edad, cuando se lee en papel se aprende más.

Conmovido ante este resultado y pensando en que esto representa un gran problema para el desarrollo de l educación, me propuse descubrir la razón y encontrarle una solución de ser posible.

Recurrí a mi vieja técnica de cuando era visitador a médicos de conversar sobre el tema con gente relacionada a estas especialidades. Llamé y me reuní con neurólogos, psiquiatras, psicólogos y antiguos profesores de mi maestría en ciencias de la educación.

Luego de confrontar la información recogida con incansables horas de lectura llegué a la siguiente conclusión: Al cerebro humano le toma tiempo reestructurar sus conexiones neuronales ante las nuevas maneras de obtener la información. Esto es que el hecho de que durante siglos hemos estado leyendo en superficies diferentes al de las tablets, smartphones y computadoras, nuestros ojos y cerebro no han hecho el switch.

Alguien me explicó que si del pasado hubiera que traer a un niño, digamos que de algún punto el e tiempo tuviéramos que elegir de alguna civilización un bebé que estuviera físicamente en capacidad para adaptarse a nuestros tiempos sin problemas, tendríamos que hacerlo con uno de alguna de las civilizaciones que ya leían en papiros o en papel. Por que? Pues por la razón de que este ya tendría el nivel mínimo de adaptaciones oculares y neuronales para adaptase e integrarse a nuestro mundo sin problemas.

Entonces cuál sería la solución?. Volver al papel? Claro que no!. La solución es ir acomodando los medios digitales de manera que mimeticen a los que hemos venido utilizando hasta ahora.

EL ÉXITO DE KINDLE PAPERWHITE.

Paperwhite es un e reader de la familia de Kindle que a su vez es un producto de Amazon que se caracteriza por que su pantalla es opaca como el papel, las letras no se plasman a través de píxeles, sino de tinta electrónica (que es lo más parecido a la tinta de imprenta pero de manera digital), y la iluminación con proviene de atrás de la pantalla. Se ilumina de forma frontal, es decir que la luz está encima de la las letras, no debajo como en los demás dispositivos que utilizamos.
Resultados solo basta con leer las opiniones de los usuarios y nosotros mismos probar para quedar convencidos.

Sin duda su éxito se debe a que fue diseñado y concebido precisamente para mimetizar los medios tradicionales a los que estamos acostumbrados, y los resultados han sido extraordinarios. Basta con probarlo o con hacer una encuesta entre usuarios.
La gente puede leer durante horas sin sentir la fatiga que producen las pantallas.

Ya es muy común que los dispositivos posean pantallas matizadas, televisores, tablets y computadoras. Pero también existen accesorios que nos ayudan a adaptar los equipos en caso de que tengan pantallas con brillo, como son los laminados paperlike que imitan la textura del papel y también eliminan el glossy finish de las pantallas.

Esto es una ayuda, ya que la parte de la iluminación seguirá siendo trasera en estos últimos, a diferencia de los e-readers.

Pongo el ejemplo de este e reader porque precisamente en este tipo de tecnologías está la respuesta, debemos de adaptar nuestro organismo a aprender por medio de las nuevas tecnologías, pero también adaptar los equipos para que sean más orgánicos ya que este proceso de adaptación nos va a tomar algunas generaciones.

LA IMAGINACIÓN Y LA CREATIVIDAD.

Uno de los rasgos que más nos distingue de los animales es el hecho de que somos seres creativos, ninguna especie hace cosas diferentes con lo que les provee la naturaleza. Por ejemplo un leon come lo mismo desde el surgimiento de su especie, carne. Pero nunca vamos a ver un leon preparando una salsa especial para darle un toque diferente a su cena. Todo lo que los animales hacen son cosas que vienen programadas en su ADN o pre programadas para aprenderlas, digamos por ejemplo el nido que hace un ave. Esto puede parecer algo relativamente creativo ya que está utilizando materiales para crearlo. Pero nota que por siempre han hecho el mismo diseño. La arquitectura no es parte de su sistema, por decirlo así. La neurosciencia ha estudiado las diferencias entre el cerebro de los animales y el humano para así poder distinguir en que nos diferenciamos.

En los animales la estructura de su cerebro es muy estrecha para usar una palabra simple, lo que entra es lo que sale. Ven comida, y con esa entrada de información sale comer como respuesta. En los seres humanos existe una brecha entre el sistema de enterada y el de salida, que no solo es virtual sino que físicamente existe en la neurocorteza, específicamente en el lóbulo frontal que crea un espacio en el que ocurren cosas entre en input y el output. Un espacio en el que tenemos un especie de cinema en el que podemos crear y ver escenas con la información que recibimos, combinarla y recrearla. Fruto de este proceso podemos producir nuevas cosas que es lo que conocemos como creatividad.

Pero porque si todos tenemos el mismo sistema que acabamos de describir no todos somos creativos?. Pues porque siendo este un sistema nuevo, en la mayoría de las personas queda oprimido y encerrado por el cerebro base de sobrevivencia que solo busca seguridad. Esa parte que tan pronto se siente confundida huye a esconderse para sobrevivir. Que no tolera estar equivocado porque eso lo hace vulnerable a la crítica de la manada y que aun teniendo razón teme hacer las cosas diferentes para no ser criticado y expulsado de la tribu. Como cuando a Giordano Bruno lo quemaron en la hoguera teniendo la razón al decir que la tierra no era el centro del universo.

Hay que acostumbrarse a sentirse confundido y frustrado. A estar equivocado, Pero también a estar en lo correcto pero que los demás te digan que estás equivocado.

LAS TRAMPAS DE LA INTUICIÓN.

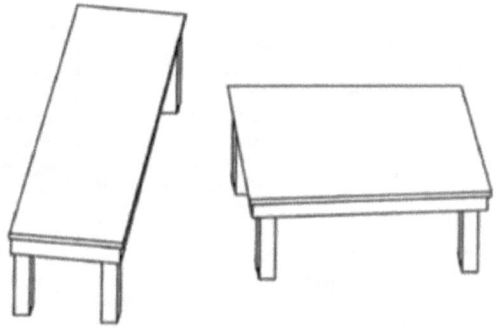

Cual de las dos es más grande?. Ambas son del mismo tamaño una más ancha y otra más larga. Si fuéramos a colocar platos y vasos las dos estarían en capacidad de sostener la misma cantidad.

No nos gusta aceptar el hecho de no poder confiar en nuestra intuición, tener una intuición poderosa nos hace sentir como súper héroes.

Esto es lo que yo llamo un "Jarabe" es decir un trago amargo que nos hace bien.

Primera cucharada. *La mayoría de las veces que intuimos algo estamos totalmente equivocados.*

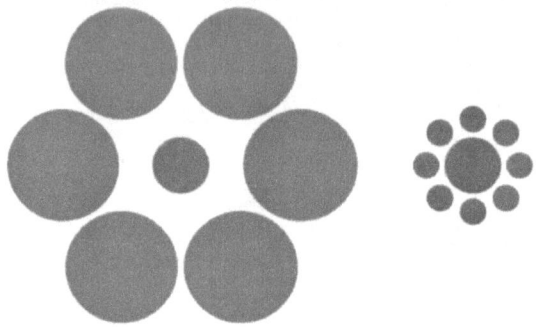

Si te pidiera que midieras ambas circunferencias? Ya sabes lo que pasará, son del mismo tamaño! Pero aún así no puedes verlas de la manera correcta, porque tu percepción esta viciada por los puntos de referencia. Increíble no? Ahora viene la pregunta del millón! Así como nuestra percepción visual presenta estos errores de percepción, pasa lo mismo con nuestra mente, nuestros juicios e intuición?, Si, es exactamente igual recuerda que toda la información que está en nosotros ha entrado por los sentidos. Si tu auto es del tamaño del círculo de la derecha o de la izquierda poco importa. Tu nivel de satisfacción se verá afectado por el parámetro de los autos de al lado. O que tan nuevos, o que tan bellos. Y qué tal las damas con respecto a la carteras y los zapatos?. O y que de nuestro salario?.

Si hay algo que hemos aprendido a largo del tiempo es que la intuición está sobre valorada. Y como siempre digo es fruto de que aún estamos aprendiendo a utilizar nuestras mentes.

Estos "biases" o vicios de percepción no solo afectan nuestra forma de percibir la realidad, sino que también afectan nuestra felicidad. Esto porque de esa misma manera establecemos comparaciones en las que siempre quedamos mal parados en comparación con nuestro entorno.

Es famosa la frase " The grass looks greener on the other side". Pero la cosa se complica en nuestros tiempos por el nivel de información que recibimos a través de los medios digitales.
Cuando se combinan estos vicios de percepción con una cantidad de información en la que los demás solo nos muestran la parte bonita de sus vidas, caemos con frecuencia víctimas de la angustia y la tristeza.

En su magistral obra Thinking Fast and Slow Daniel Kahneman premio novel de economía, nos explica que el cerebro funciona con dos sistemas. El primero trata de resolver todo con el mínimo esfuerzo y a la mayor brevedad posible y el otro es el que hace los razonamientos más complejos. Veamos el siguiente ejemplo;

Un bate y una pelota cuestan $1.10
El bate cuesta un dólar más que la pelota.
¿Cuánto cuesta la pelota?

La respuesta de 10¢ se presenta como una intuición rápida, potente y atractiva, pero es incorrecta. Para llegar a la solución correcta, 5¢, muchos tendremos que recurrir al lápiz y al papel, transformando el acertijo en una ecuación matemática. Tendremos que recurrir a la forma más lenta y fatigosa de pensar que permite nuestro cerebro. Algunos psicólogos consideran que este tipo de test es un predictor más válido sobre la inteligencia que los test sobre cociente intelectual corrientes. En este caso, nos sirve para ilustrar que las intuiciones pueden ser erróneas, no importa lo poderosas que parezcan.

Aunque tenemos una sola mente, no tenemos una sola forma de decidir. Daniel Kahneman propone entender la toma humana de decisiones partiéndola en dos "sistemas" principales. El Sistema 1 es un esclavo de las emociones y actúa "rápida y automáticamente, con pequeño o ningún esfuerzo y sin el sentimiento de un control voluntario." El Sistema 2, por contra, funciona como un agente racional que "concentra con esfuerzo la atención hacia las actividades mentales que así lo demandan, incluyendo las computaciones complejas. Las operaciones del Sistema 2 están asociadas a menudo con la experiencia subjetiva de la agencia, la elección y la concentración."

La mayoría de nuestros juicios diarios son obra del Sistema 1, ocurren de forma automática, intuitiva y emocionalmente, y nos permiten desenvolvernos de forma razonable en nuestra vida práctica. Pero el Sistema 1 también genera todo tipo de intuiciones erróneas con consecuencias triviales o catastróficas. Solamente cuando entra en juego el Sistema 2, postergando las gratificantes sugerencias del sistema emocional, y sólo tras invertir un gran esfuerzo cognitivo, podemos intentar resolver los problemas difíciles o contra intuitivos.[11]

Se parece a la forma en que actuaban los perros de Parlov? Claro que si, porque es un tipo de respuesta programada, rápida e irreflexiva. Como cuando caemos víctimas de una decisión rápida en base a la información que estamos recibiendo en el momento. Recuerdo que en mis días de formación como abogado, un profesor de la universidad, especialista en criminología, nos decía que las cárceles estaban repletas de personas que cometieron un crimen por una decisión basada en primeras impresiones. El clásico caso de que luego de ejecutar un asesinato se preguntan, Dios que he hecho? Con las manos en la cabeza.

Piensa en los accidentes de tránsito, cuando vemos que un vehículo se arroja hacia nosotros, inmediatamente pensamos que es una forma de agresión lo que ocurre, pero en realidad lo que puede estar pasando es que el otro conductor haya perdido el control porque se haya mareado, o ocurrido una falla mecánica.

Seria demasiado pedirle a los perros de Parlov que al escuchar las campanas reflexionen a ver si se trata de una reacción del sistema 1, pero no si nos pedimos un momento y lo hacemos nosotros. Aunque como explica Dr. Kahneman es imposible que estemos funcionando en sistema 2 permanentemente, este sistema es un recurso que consume mucha energía y que solo entra en acción cuando las cosas requieren otro nivel de atención.

Ahora se que te estás preguntando sobre el saber?
Si hay una diferencia entre tener información y conocimiento, donde queda el saber?
Sabemos algo cuando podemos transmitirlo a los demás.
Conoce siempre implica haber tenido una experiencia común lo aprendido, es decir haberlo incorporado y vivido.
Saber es ir más allá, es conocer de una manera en que se puedan organizar ideas y transmitirlas con coherencia de tal forma que puedan ser asimiladasy .
Dice un dicho, "Si lo explica y los demás no lo compréndenos, es por que lo conoce pero no lo sabe".

Todos conocemos personas que disfrutan explicando un tema en particular, hay una luz que les ilumina el rostro. La pasión brota de ellos, pierden la noción del tiempo, no les da sed ni hambre cuando hablan de eso que les gusta.

Entonces saber nos hace sabios? Lamento decirte que no. Ya estamos claros al respecto de cuándo se sabe, pues para ser sabios tenemos que combinar lo conocemos y estamos en capacidad de enseñar, pero esta vez debemos contar con la destreza de aplicarlo. Y donde está el secreto? No por nada te explicaba las formas en que nos explica Daniel Kahneman en Pensar Rápido, Pensar Despacio. Los dos sistemas del cerebro. La sabiduría implica, saber decir "un momento", ante los acontecimientos y no confiar en la respuesta rápida, y reflexionar para hacer uso del conocimiento. Me encanta la imagen del maestro Yoda de Star Wars, se han fijado que siempre se da un respiro y exclama "Ahhh" Como en un suspiro, es el instante que algunos llaman el "Ahja moment". Luego el diminuto sabio de las estrellas, expone su punto de vista y da sus recomendaciones. Recordemos que el es el oráculo entre todos los seres de la exitosa saga creada por George Lucas.

Siempre se ha dicho que la prisa es mala consejera, observa que prisa y rápido son sinónimos. Uno de los ejemplos más comunes es el que cita Psicólogo Daniel Goleman en su obra La Inteligencia Emocional, sobre el experimento que se llevó a cabo con niños en los que se les proponía los siguiente; Se les iba a dejar en una habitación solos y sin nada con que entretenerse pero con un chocolate sobre la mesa, con la promesa de que si no lo comían se les iba a dar dos más tarde. En ese estudio se les dio seguimiento a todos los participantes en los años venideros y el resultado fue que los que prefirieron esperar por los dos chocolates y no perdieron la paciencia ante la estación, llegaron a ser personas de más éxitos en la vida. Interesante, no?

Otro caso impactante es el de los niños que Hittler había hecho procrear un su afán de crear la raza perfecta. Se buscaba de personas que gozaban de un altísimos coeficiente intelectual pero que al darles seguimiento en el transcurso de sus vidas no había logrado nada diferente a las demás personas.
Pues por la misma razón que explicábamos anteriormente, en aquel momento no se tomaba en cuenta la inteligencia emocional.

Como podrás observar hemos mencionado diferentes términos alrededor del tema del conocimiento en este capítulo como son inteligencia, inteligencia emocional, información, Etc. Es porque la magia del potencial puro del ser humano ocurre cuando el ecosistema mental que está compuesto por estas partes están en armonía.

CONOCIENDO A DIOS A TRAVÉS DE LA RAZÓN

Los seres humanos, haciendo uso del poder que nos distingue de todas las formas de vida en nuestro planeta, siempre hemos sabido qué hay una fuerza tremendamente poderosa "detrás", por utilizar alguna palabra, de todo lo que podemos percibir a través de nuestros sentidos en el universo que nos rodea.
 La manera en que se busca, se interpreta y se explica esa fuerza ha dado paso a los conflictos más grandes a todos los niveles del mundo. Por alguna razón la mayoría de la gente es intolerante ante la manera en que los demás buscan comprender a Dios. Claro que también sabemos que existen personas que lucen como ateos ante los ojos de otros, personas que se creen ateas a ellos mismos sin embargo no lo son y por supuesto personas que simplemente si lo son.

Pero todo este conflicto no es más que un tema de la forma en que cada persona tiene para conectar con esa fuerza.

Empecemos por el hecho de que tan pronto alguien utiliza estos términos para referirse a Dios ya está haciendo que a algunos se les quieran explotar las viseras de la rabia, esto se debe a que su aproximación con Dios está limitada a la subordinación y la adoración. Que es la manera en que muchas religiones han impuesto a Dios en la mente de sus seguidores. Para estas personas Dios es el gran tirano del universo, aunque claro ellos no son consientes de esto. Esa visión de un Dios al qué hay que temer en vez de conocer ha sido la causa no solo la intolerancia de muchos a si a otros, sino también un modelo de conducta totalmente errado en muchos pseudo líderes. Esto lo voy a explicar más en detalle más adelante.

Ante los ojos de este tipo de personas cualquiera que se atreva a ver un poco más allá de esa visión de un Dios implacable es ateo. Estos son el primer grupo que citaba, los que ven como ateos a todo el que no se ajuste a la forma en que ellos conocen de Dios. Lamentablemente esta es la gran mayoría.

Luego tenemos aquellas personas que se creen ateas a sí mismas, pero que muchas veces están más cerca de Dios que las primeras. Digo se creen por el hecho de que su relación con Dios está libre de dogmas. Para ellos Dios es el Alfa y Omega, lo que estuvo antes de que todo empezara y estará aún todo termine si tuviera un final. Para estos hubo una fuerza que hizo explotar el Big Bang, hay una inteligencia que venció la antropia y creo las leyes físicas que dieron paso a todo el universo y que también le fue dando forma a la vida a través del proceso evolutivo. No se dan cuenta de que lo que están definiendo es a Dios, solo que en un idioma totalmente diferente al idioma estrictamente religioso. Por supuesto en este segundo grupo están quienes están conscientes de que ellos no son ateos independientemente de la manera en que los vean los del primero.

Si eres de las personas del primer grupo, se cómo estás pensando de estos últimos, acá es donde la humanidad debe hacer una seria reflexión, debe reinar la tolerancia de una vez por todas, para que podamos seguir adelante como especie en busca de las soluciones a los grandes retos que tenemos por delante. Haciendo uso de las herramientas cognitivas que Dios, independientemente de cuál sea nuestra manera de verlo, ha creado en nosotros. Solo ahí estaremos empezando a ser una sociedad global que podría llegar a hacer uso de nuestras capacidades de sinergia cognitivas que explicábamos anteriormente.

Por último tenemos el grupo de los que son ateos, estos no necesitan que los expliquemos, simplemente no creen en nada. Solo podemos respetar y tolerar su forma de ver el todo.

EL CONOCIMIENTO COMO ENERGÍA NEGUENTROPICA.

Probablemente haya oído algo sobre las leyes de Murphy, que dicen que cosas como que las cosas siempre van a salir tan mal como sea posible. "Si algo puede salir mal, saldrá mal". Yo cuando escuchaba sobre las leyes de Murphy pensaba que era una broma, que el tal Murphy era una especie de Pepito de la física, un personaje creado para hacernos reir un poco. Pero en la medida que fui aprendiendo un poco sobre astrofísica, "ojo que no tiene nada que ver con la astrología que no es una ciencia", fui descubriendo algo fascinante sobre estas leyes a pesar de que suenan pesimistas, veamos.

Las leyes de Edward Murphy parecen sacadas de un manual de pesimismo, el las planteó como resultado de sus investigaciones mientras trabajaba para el ejército de las fuerzas armadas de Los Estados Unidos de Norteamérica.

Estas son:

Primera ley: "Por si mismas las cosas tienden a ir de mal en peor."

Segunda ley: "Si algo parece que va bien es porque has pasado algo por alto".

Tercera ley: "Si algo no puede fallar lo hará a pesar de todo".

Siendo Murphy un ingeniero que trabaja con cohetes conocía muy bien las leyes de la termodinámica, que es la parte de la física que estudia la acción mecánica del calor y de las demás formas de energías, y una de ellas es la ley de la entropía.
La entropia establece que el caos es al estado natural de la materia a menos que una energía las organice.

La neguentropía se puede definir como el concepto antagónico a la entropía, o simplemente como su opuesto; de forma que, así como la entropía establece que la materia tiende a descomponerse y a permanecer en un estado de caos continuo, la neguentropía define la energía como medio indestructible que tiende a regular el comportamiento de la materia buscando provocar en ella una tendencia al orden.

Todo lo que existe es materia organizada por energía, pero energía inteligente. Desde el ADN que lleva codificado las características de cada especie que nace, hasta la danza cada astro que se mantiene en órbita gracias a las leyes de la gravitación universal. Todo es una manifestación de la inteligencia divina que crea el efecto necesario para sostener la neguentropía que evita que la antropía reine y se pierda el equilibrio y el orden del todo.

Así mismo la inteligencia humana aplicada a través del conocimiento le da forma a la vida en nuestra planeta. Somos responsables de lo que ocurre para bien o para mal.

Hoy acabo de enterarme de que El Pentagono acaba de declarar que tres videos que circulan desde hace unos años sobre avistamiento de Objetos Voladores No Identificados OVNIS por sus siglas, son reales, en el sentido de que fueron captados por aviones de la fuerza aérea estadounidense. Esto es un dato muy revelador a pesar de que no confirma por completo la existencia de visitantes extraterrestres, si abre una posibilidad extraordinaria. Puesto que es muy difícil que estos pilotos y demás expertos de las fuerzas armadas de la primera potencia del mundo se hayan dejado confundir por cualquier otra cosa en el aire que no fuese algo realmente fuera de este mundo.

El hecho de que en más de un video los pilotos hayan loqueado estos objetos en el radar de sus aviones les permitió rastrear el comportamiento y velocidad de estos objetos. Por lo que si se tratara de cualquier cosa conocida por el hombre se hubiera identificado rápidamente.

Para muchos esto es un fraude más, para otros no como para un amigo piloto quien le pregunté sobre estos videos y me dijo que para el eran ciertos. Que OVNI no es necesariamente extraterrestre, cosa que siempre hemos sabido, pero que para el sí son frecuentes los avistamientos. En el club Astronomico al que pertenezco hay diferentes puntos de vista, algunos creen, otros no. Yo prefiero mantener mi mente abierta pero no ingenua.

Una de las cosas que siempre tuve pendiente fue tratar de resolver es un episodio de mi adolescencia, que deje en reposo toda mi vida. Cuando yo tenía aproximadamente catorce años luego de terminar un partido de basketball estábamos un amigo y yo mirando al cielo una noche estrellada. Y ya se que adivinaste, vimos lo que hasta la fecha para mi fueron sin duda algún platillos voladores. Recuerdo que eran varios, y que nos dio tiempo a hacer varias reflexiones mientras observábamos con tranquilidad. Recuerdo haberle dicho que si sería buena idea salir a avisar a los demás, pero decidimos no hacerlo porque nos perderíamos el espectáculo en lo que llegábamos a donde ellos. Recuerdo que nos preguntamos que si estábamos alucinando o si era un sueño, y haber concluido que de ser así íbamos a despertar antes de irnos a acostar. Nos preguntamos que si serían estrellas fugases pero esa teoría se cayó al ver que estos objetos se movían como bolas de ping pong, no en una sola dirección, por lo que no eran aviones tampoco. Yo decidí guardar silencio toda mi vida al respecto, yo a mis catorce ya había leído lo suficiente como para saber que no debemos creer en todo lo que vemos, ya que nuestro cerebro es experto completando imágenes y sonidos a partir de alguna información. Pero más aún sabía que cualquiera podría ser víctima de una alucinación, que se yo, a pesar de que no estábamos tomados y que nunca he utilizado sustancias alucinógenas, pensé que quizás lo que veía solo estaba ocurriendo como la manifestación de algún trastorno mental, o emocional, debía darme tiempo a ver si estas cosas no me ocurrían más adelante en la vida. Todo a pesar de que tenia a mi amigo Candido como testigo, yo sabía que habían fenómenos mentales que ocurren hasta a grupos de personas. De todas formas pensé, en algún momento algo va a ocurrir que se visto, grabado y descrito por personas calificadas que me permita sentirme seguro de lo ocurrido. Este es el momento esperado al respecto, cuando vi los videos son exactamente lo que vimos aquella noche. Se que no soy el primero ni el último en haber pasado por una experiencia similar.

Hago esta reflexión porque pienso en la responsabilidad que tenemos los humanos con respecto a nuestro planeta, volviendo al punto de que somos la inteligencia que organiza y ejecuta todo lo relacionado al desarrollo de nuestro planeta.

Si existe vida extraterrestre, que pensarán de la manera en que nos estamos manejando los terrícolas?. Y si no existen aún más grande el compromiso, te imaginas que seamos la única forma de vida inteligente en el universo?. Supongamos el hipotético caso de que seamos la primera forma de vida en el cosmos, cosa que me parece patéticamente absurda dado las dimensiones del universo. Pero supongamos que sea así, que no hay vida extraterrestre y que solo los humanos existamos, de ser así nuestro compromiso con llegar a un entendimiento y seguir adelante con nuestro desarrollo cognitivo es de vida o muerte. Estaríamos hablando de que la expansión de la vida en todo el cosmos depende de que nosotros la llevemos a cabo. Equivaldría a decir que si desaparecemos el universo quedará sin ninguna forma de vida, no es eso comprometedor?. Traigo a la mesa este tema tan controversial como ejemplo de porque debemos ser

tolerantes ante los planteamientos que pueden lucir
más inverosímiles. Este es uno de los tópicos que más
han creado puntos de vista encontrados en la
humanidad. Como lo fuera en un momento el
planteamiento de que la tierra era redonda.

EDUCACIÓN FORMAL VS AUTODIDACTA.

La educación formal ha recibido últimamente muchas críticas, hasta el punto de haber sido catalogada como un no creo que se deba satanizar la educación escolar solo modernizarla. El gran problema de la educación tradicional es la normativa, que es un molde en el que se persigue crear seres humanos homologados como si fuéramos piezas industriales para las máquinas productoras de la sociedad.

El sistema de exámenes y calificaciones si es un crimen, muchas personas que cuentan con altísimo niveles de inteligencia cognitiva, intelectual y emocional, tienen graves problemas para plasmar lo que saben en los exámenes escritos. En este grupo me incluyo, es la razón por la que abandoné la principal universidad de mi país, para pasar a una relativamente nueva, pero en la cual se tomaba más en cuenta a la hora de asignar calificaciones las exposiciones orales, así aunque no te fuera muy bien en las pruebas escritas podías acumular los puntos suficientes para aprobar las materias.

Cuando Stephen Hawking tomó su prueba final para graduarse como doctor en física el comité tuvo que optar por darle la oportunidad de exponer sus conocimientos de manera verbal. Estamos hablando de uno de los hombres más inteligentes que ha conocido la humanidad.

Personalmente tengo mucha fe en que los cambios en la forma de educar van a ir ocurriendo, solo es cuestión de crear conciencia al respecto y es en gran medida una de las tareas a la que me dedico.

Todos somos autodidactas tema que nos fascina, incluso si es de la misma área de lo que hemos estudiado en la universidad. Todo buen profesional sabe que la mayor parte de lo que sabe proviene de su curiosidad y esfuerzo por saber sobre un tema u otro.

Yo soy abogado de profesión, el derecho es una carrera que me encantó estudiarla, pero mi gran pasión siempre ha sido la conducta humana en todas sus vertientes. Especialmente la conducta social y el tema que tratamos en estas páginas que es el del conocimiento. Es por esto que me matriculé para hacerme magister en ciencias de la educación y es la razón por la que por casi una década he estado dirigiendo un centro de educación tecnológico.

Trabajar en esta área me hace sentir realizado, aunque se que si me hubiera dedicado al derecho económicamente me hubiera ido mucho mejor. Pero no me sintiera tan realizado, porque mi ambición desde muy temprana edad no fue el dinero, sino el saber.

LA AMBICIÓN POR SABER.

Yo se que para muchos es difícil comprender cómo se puede ser ambicioso del saber. Mucho más para aquellos que les han dedicado su vida a perseguir el dinero solamente, se que ante sus ojos la gente que se dedica a leer y a investigar tanto esta loca, igual como nosotros los vemos a ellos. Mientras nosotros pensamos, "Tanto acumular dinero para luego morirse", ellos dirán "Tanto acumular conocimiento para luego morirse". Hay una cosa en común en ambos afanes, y es que ninguno de los dos se va llevar lo acumulado a la hora de morir, el dinero se queda acá en este mundo y el conocimiento también, con una gran diferencia... El dinero no cambia al mundo, el conocimiento si. Cuando un hombre rico muere le cambia la vida a quienes heredan su fortuna, cuando un hombre sabio muere su herencia le cambia el rumbo a la humanidad.

La mecánica de la mente y la conciencia. Primero descubrimos que existen leyes que rigen el movimiento de los astros en el universo, y supusimos que las mismas leyes que rigen lo macro,(las cosas que son muy grandes como para ser vistas a simple vista, como el cosmos), son las mismas que rigen lo micro (las que son demasiado pequeñas para ser vistas a simple vista). Se comportarían en base a las mismas reglas. Al observar cómo funcionan descubrirnos que no es así, que las leyes de la física clásica se Newton no se aplican a los átomos, por esto es que surge la física cuántica y la mecánica cuántica. Tuvimos que reconocer que no teníamos una explicación para el todo. Es por esto que el famoso físico Stephen Hawking, es tan famoso, por su razonamiento de que habría que replantear una ecuación que defina "El Todo". Ahora viene la pregunta que provoca nuestro intelecto, Podría decirle que de la misma manera en que existen leyes que rigen el universo y la vida, pueden estas ser aplicadas a nuestras mentes, siendo estas parte de el universo y de la vida?.

Por supuesto que no, podría desde un punto vista meramente biológico, pero somos seres muy emocionales.

En la película Good Will Hunting tenemos un excelente ejemplo de esto. Matt Damon interpreta a un joven que cuenta con una inteligencia intelectual súper desarrollada, un fenómeno que siendo el conserje de una importante universidad resolvía los desafíos de ecuaciones matemáticas que ninguno de los estudiantes podían, incluso su profesor quien era un galardonado científico. Sin embargo su parte emocional era totalmente deficiente, habiendo sido abusado en su niñez, tenía sentimientos de culpa e irá que no le dejaban querer llegar a ser algo mejor en la vida. Luego de caer preso, sale de la cárcel, gracias a el profesor de matemáticas que hace un acuerdo de que va a cuidar de él y que lo va a llevar a ver un psicólogo. En esta historia vemos claramente las dos caras de la moneda que somos. Una emocional y otra intelectual.

EL FUTURO DEL CONOCIMIENTO

Hasta ahora hemos visto brevemente los inicios de la actividad cognitiva en la raza humana. También de forma más profunda la realidad actual. Pero como todo planteamiento debe para ser completo también debemos hacer una proyección a futuro.

Como hemos visto el proceso del saber no ha sido lineal, ha teñido momentos en que se ha desarrollado en cámara lenta, otros de estancamiento y también ha dado saltos cuánticos. Que podemos esperar a futuro?. Definitivamente no volverá a ir en cámara lenta por así decirlo. Mayormente tendrá avances a saltos cuánticos, y algunos estancamientos pienso que no.

Veamos, desde el punto de vista de las restricciones culturales y religiosas es un tanto difícil que ocurra. Y si lo vemos desde el la perspectiva de los fenómenos sociales como crisis y pandemias, no. Esto se debe a que el ser humano se ha dado cuenta que puede solucionar grandes dificultades haciendo investigación y desarrollo. Ante las pandemias se romperán récords de tiempo en cuento a la creación de vacunas y tratamientos. Y con lo relacionado a la economía, cuando el poder adquisitivo de la gente cae, surgen nuevos productos y servicios que aprovechan el momento para dominar el mercado, como es el. Aso de las tecnologías disruptivas. Como sabemos el producto tradicional generalmente va adquiriendo con El Paso del tiempo características que lo va encarecer. Es como dice un amigo, se van cargando de espejitos y cascabeles, y a la vez va a aumentando su precio. Piensa en la respuesta que fue Android ante la imposibilidad de muchos para adquirir un iPhones. O los automóviles Koreanos ante los precios de los europeos y japoneses. En definitiva las crisis económicas pueden retrasar proyectos como los viajes espaciales, pero a la vez impulsan ramas del desarrollo que son más elementales pero que como van dirigidas al consumo masivo se convierten en fenómenos sociales a escala planetaria.

Fin.

BIBLIOGRAFÍA

[1] Oscar Castillero Mimenza, Psicología y Mente.
Einstein, A. (1954). Ideas and opinions. Bonanza Books. Hermanns, W. (1983).
Einstein and the Poet: In Search of the Cosmic Man. Brookline Village, MA: Branden Press.

[2] . Héctor Gómez de Silva
Facultad de Ciencias, UNAM. Artículo en la revista científica. Reproducido de forma íntegra.
Gore, Rick, "Extinctions", National Geographic, 175 (6): 662-699, junio de 1989.
Nance, R. Damian, Thomas R. Worsley y Judith B. Moody, "The Supercontinent Cycle",
Scientific American 259 (1): 44-51, julio de 1988.
Weaver, Kenneth F, "The Search for Our Ancestors", National Geographic, 168 (5): 560-623,
noviembre de 1985.
Smithson, T. R., 1989, "The earliest Known Reptile", Nature, 342 (6250; 7 de diciembre de
1989): 676-678

[3] Barros, Patricio y Sergio. Historia de los Inventos. La Aeronáutica.

[4] Mauro, Francisco. Historia de Ícaro y Déndalo.

[5] BBC. Gray, Carrol. Who Made The First Flight. thewhrightbrothers.org

[6] BBC. Las Alas de los Sueños. BBCmundo.com

[7] Perez, Jara D. Materiales Aeronáuticos.

[8] ABC. JF. Alonzo. Cuántos vuelos recorren cada día los cielos del mundo.

[9] Gibbs,Nancy. Periódico El País.

[10] El contenido de este artículo incorpora material de una entrada de la *Enciclopedia Libre Universal*, publicada en español bajo la licencia Creative Commons.
Obra: *El Calor: modo de movimiento J. Tyndall*, Barcelona: El Progreso Científico, 1885; *Calor y termodinámica / M.W. Zernansky*, Madrid, 198
Obras: Calor i vapor / P.Postal, Barcelona, 195-; Transmisión del calor / V.P. Isachenko, Barcelona: Marcombo, 1973
Obras: Máquinas de vapor, calderas, máquinas de émbolo,../ Juan Rosich Rubiera, Barcelona: M. Marin, 1908; Resumen de las lecciones de motores témicos: teoría y principales aplicaciones a las máquinas de émbolo,../ Ramón Marqués y Fabra, Barcelona: J. Torrellas, 1917, 742 páginas; Termodinámica térmica: aplicación al cálculo y ensayo de los generadores y motores de émbolo / Rafael Mariño, Madrid: Dossat, 1948, 566 páginas

[11] Tercera Cultura. Zugasti Eduardo.